知道更好吃的起司事典

本間るみ子 監修

CONTENTS

起司的基礎知識

起司是什麼？ …… 5
起司的歷史 …… 6
起司的種類 …… 8
起司的製作方法 …… 10
起司的營養與成分 …… 12

新鮮起司

01 瑞可塔起司 …… 16
02 馬斯卡彭起司 …… 18
03 菲達起司 …… 20
04 哈羅米起司 …… 22
05 傑托斯特起司 …… 23
06 布羅秋起司 …… 24
07 法國白起司 …… 25
08 夸克 …… 26
09 聖馬爾瑟蘭起司 …… 27
10 奶油起司 …… 28
11 茅屋起司 …… 29

紡絲型起司

01 波羅伏洛起司 …… 32
02 莫札瑞拉起司 …… 33
03 水牛莫札瑞拉起司 …… 34
布拉塔起司 …… 36
05 斯卡莫札起司 …… 38
06 卡丘卡巴羅．西拉諾起司 …… 39

白黴起司

01 莫城布利起司 …… 42
02 諾曼第卡門貝爾起司 …… 44
03 卡門貝爾起司 …… 46
04 庫洛米耶起司 …… 47
05 查爾斯起司 …… 48
06 納沙泰爾起司 …… 49
07 莫倫布利起司 …… 50
08 布里亞薩瓦蘭起司 …… 51

擦洗式起司

01 艾帕瓦斯起司 …… 54
02 龐特伊維克起司 …… 56
03 蒙多爾起司 …… 58
04 塔雷吉歐起司 …… 60
05 莫恩斯特起司 …… 62
06 里伐羅特起司 …… 64
07 朗格勒起司 …… 65
08 馬魯瓦耶起司 …… 66
09 維薛亨蒙多爾起司 …… 67

羊奶起司

01 聖莫爾德圖蘭起司 …… 70
02 克勞汀．德．查維格諾爾起司 …… 72
03 查比丘．德．波特起司 …… 74
04 瓦朗賽起司 …… 76
05 普利尼聖皮耶爾起司 …… 77
06 謝河畔瑟萊起司 …… 78
07 巴儂起司 …… 79

藍紋起司

01 斯蒂爾頓起司 …… 82
02 古岡佐拉起司 …… 84
03 洛克福起司 …… 86
04 佛姆．德．阿姆博特起司 …… 88
05 康寶佐拉起司 …… 89
06 丹麥藍紋起司 …… 90
07 瓦爾德翁起司 …… 91
08 傑克斯藍紋起司 …… 92
09 奧弗涅藍紋起司 …… 93

半硬質及硬質起司

01 修道士起司 …… 96
02 乳房起司 …… 98
03 切達起司 …… 100
04 高達起司 …… 102
05 艾斯阿格起司 …… 104
06 瑞布羅申起司 …… 106
07 芳提娜起司 …… 108
08 聖內克泰爾起司 …… 110
09 康塔爾起司 …… 112
10 莫爾比耶起司 …… 114
11 阿邦當斯起司 …… 115
12 帕瑪森起司 …… 116
13 佩科里諾．羅馬諾起司 …… 118
14 曼徹格起司 …… 120
15 艾登起司 …… 122
16 艾曼塔起司 …… 124
17 格呂耶爾起司 …… 126
18 哈克雷特起司 …… 128
19 米莫雷特起司 …… 130
20 康堤起司 …… 132
21 歐索依拉提起司 …… 134
22 佩科里諾．托斯卡諾起司 …… 136
23 蒲福起司 …… 138
24 格拉娜．帕達諾起司 …… 140
25 阿彭策爾起司 …… 141
26 馬翁起司 …… 142
27 史普林起司 …… 143

BASIC KNOWLEDGE OF CHEESE

起司的基本知識

起司備受全世界的喜愛。
雖然通稱為起司，
但從濕潤的新鮮起司，
到長有藍色黴斑的起司，
以及散發獨特味道的起司等，
其個性及風味也千變萬化。

話說回來，起司到底為何物呢？
在人類史中是從什麼時候開始出現起司的，
一直以來是怎麼製作的呢？
首先一起來了解起司的背景知識！

起司是什麼？

起司，是我們熟悉的食物。不論是卡門貝爾或古岡佐拉等，各式各樣的起司都能夠在超市或百貨公司購得。但是，這些起司只是冰山一角。還有很多種類的起司受限於日本的食品衛生法而不能進口，或是限定原產地才可銷售等等。

話說回來，起司到底是什麼呢？起司是在牛或羊的乳品中，加入乳酸菌及酵素（凝乳酶），使其凝固而成的食品。由於起司可長期保存，且營養價值高，自古以來備受全世界的喜愛。特別是在歐洲，起司深深融入於日常飲食中，是餐桌上不可欠缺的一項食物。近幾年，日本的每人每年平均起司消費量也有增加的傾向，但與歐洲各國相比當然還是存有很大的差距。

起司的實用性很高，現在就將營養豐富的起司加進日常飲食，輕鬆地享受美味的起司吧！

根據 FAO ／ WHO（聯合國糧食及農業組織／世界衛生組織），起司的定義為「新鮮或熟成的固體或半固體製品」，左列（a）、（b）皆可被視為起司製作的根基。

起司的定義

（a）藉由 Rennet（凝乳酶）或其他合適的凝固劑的作用，使鮮乳、脱脂乳、部分脱指乳、乳清奶油、鮮奶油或上述的各種混合乳製品凝固，並去除此凝固物分離出的乳清（whey）後製成的物品。

（b）使用鮮乳或從鮮乳取得的原料引起凝固的加工技術，擁有與（a）同樣的化學、物理及感官特性。

BASIC KNOWLEDGE OF CHEESE
№1

起司的歷史

相傳起司是所有人類手工製作的食品中，歷史最為悠久的一項。

雖然關於起司的起源並沒有明確的證據，但二〇一二年時，在位於波蘭的七千年前遠古遺跡中，發現了人類史上最古老的起司製造痕跡。挖掘出的土器中檢測出大量的乳脂肪成分。專家推測這些土器是用來分離除掉水分後凝固的牛乳（凝乳，curd）與乳清。

此外，在公元前四千年時的美索不達米亞的壁畫上，也畫有人類在榨取鮮乳，製作起司及奶油的模樣。

在公元前二千年的阿拉伯民間故事中，有著發現起司的傳說：

「很久以前，有個行旅於沙漠的商隊，將鮮乳放入由羊胃袋製成的水袋中，再綁在駱駝的背上。當一天的旅程結束，想要喝牛奶的時候，卻只倒出像水一般的液體以及白色的塊狀物。他們試著吃下那塊白色塊物，發現竟然是未曾嘗過的可口味道。」

這是因為羊胃袋中的酵素（凝乳酶）產生作用，鮮奶便在炎熱的沙漠與行進時的搖晃中凝固、變成了起司。這般如此偶然的事情被當作是起司誕生的起源，而在經歷數千年的現在，這個原理依然被應用於製造起司。

隨著時間流逝，以及當地特有的風土及人類的智慧，各地都發展出豐富、極具個性的特色起司來支援我們的飲食生活。

日本的起司的歷史

日本在公元 645 年存留著描寫來自百濟*的歸化人子孫，善那，將鮮奶煮稠凝固成「蘇」獻給天皇的紀錄。起司製作則是在明治 8 年，北海道的開拓廳試做煉乳及起司被認為是一切的開端。

進入昭和後，雪印乳業（當時為北海道製酪販賣組合聯合會）及明治乳業開始量產加工起司。第二次世界大戰後，製造出各式各樣的天然起司，消費量也逐年增加中。

*編注：百濟是古朝鮮半島西南部的國家。

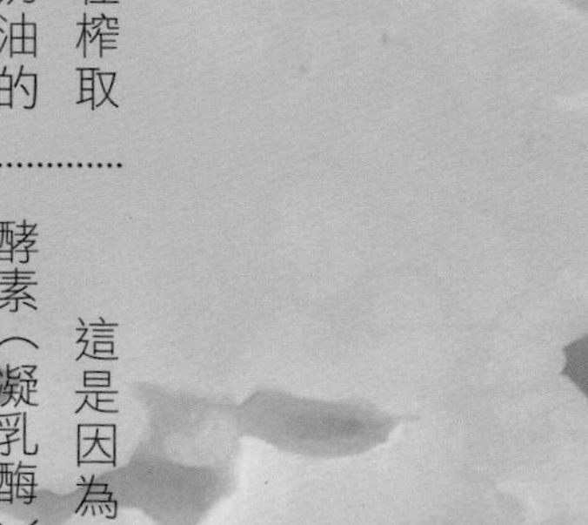

▲以羊奶製成的佩克里諾．羅馬諾（Pecorino Romano）為義大利最古老的起司，製作起源於公元前 1 世紀。

各國的起司的歷史

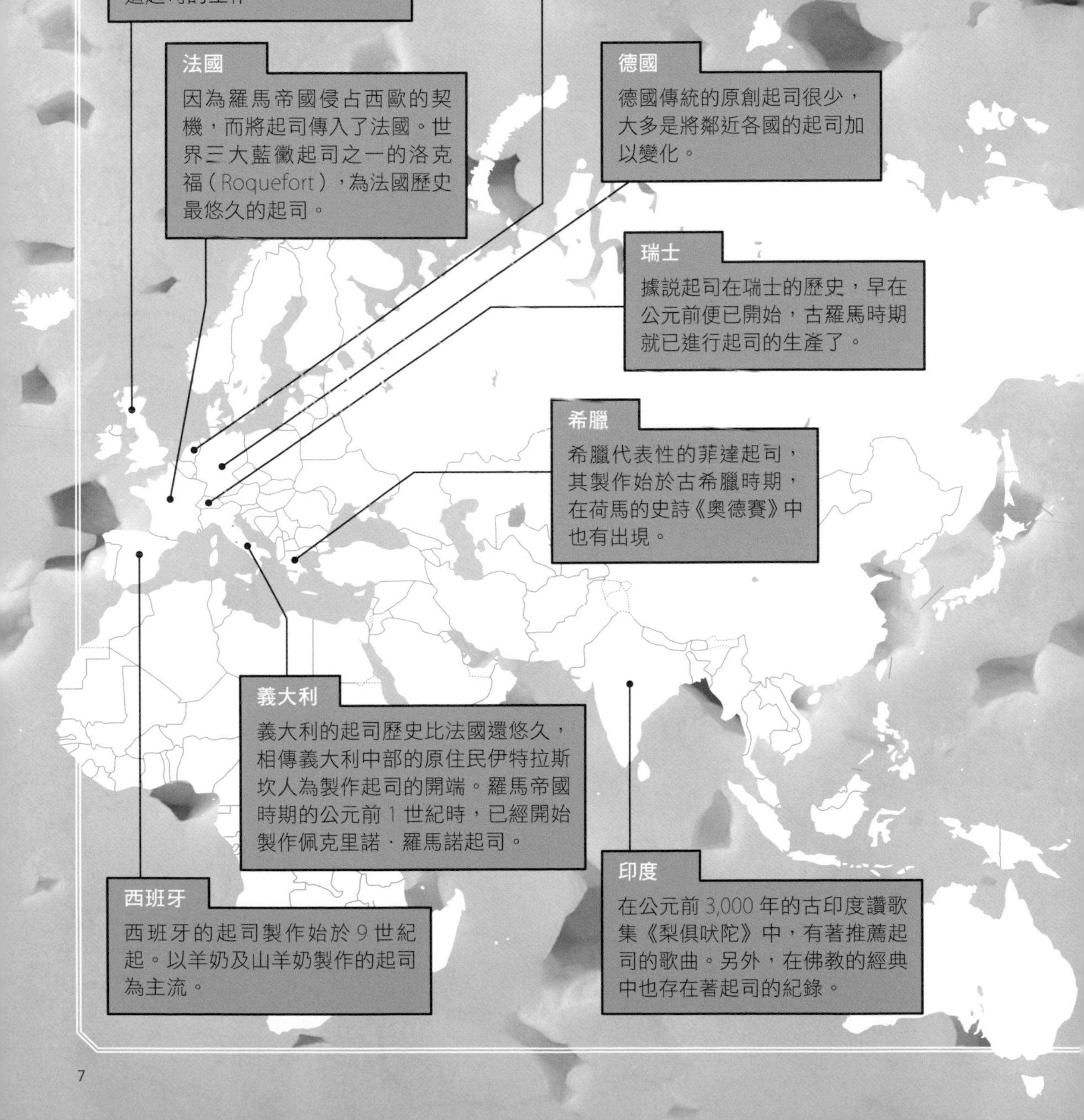

英國

英國大約於距今 2,000 年前的羅馬帝國時代開始製作起司。中世紀則有被稱為「倒牛奶女僕」（The Milkmaid）的女性們，在莊園從事照顧牛隻與製造起司的工作。

荷蘭

在荷蘭挖掘出公元前 200 年的起司製造工具。中世紀以後開始往國外大量出口起司，並於 17 世紀第一次將起司傳入日本。

法國

因為羅馬帝國侵占西歐的契機，而將起司傳入了法國。世界三大藍黴起司之一的洛克福（Roquefort），為法國歷史最悠久的起司。

德國

德國傳統的原創起司很少，大多是將鄰近各國的起司加以變化。

瑞士

據說起司在瑞士的歷史，早在公元前便已開始，古羅馬時期就已進行起司的生產了。

希臘

希臘代表性的菲達起司，其製作始於古希臘時期，在荷馬的史詩《奧德賽》中也有出現。

義大利

義大利的起司歷史比法國還悠久，相傳義大利中部的原住民伊特拉斯坎人為製作起司的開端。羅馬帝國時期的公元前 1 世紀時，已經開始製作佩克里諾．羅馬諾起司。

西班牙

西班牙的起司製作始於 9 世紀起。以羊奶及山羊奶製作的起司為主流。

印度

在公元前 3,000 年的古印度讚歌集《梨俱吠陀》中，有著推薦起司的歌曲。另外，在佛教的經典中也存在著起司的紀錄。

BASIC KNOWLEDGE OF CHEESE №2

起司的種類

根據製造方法，起司可以分為「天然起司」與「加工起司」二大種類。

天然起司是在牛奶、山羊奶或羊奶等鮮奶中，加入酸或酵素使之凝固後，只進行發酵、熟成的製品。

起司的分類方法在各國也略有差異，本書則分為「新鮮起司」、「紡絲型起司」、「白黴起司」、「擦洗式起司」、「羊奶起司」、「藍紋起司」與「半硬質及硬質起司」等七個類別進行介紹。其中，通常會被分類為新鮮起司的莫札瑞拉，在此將分入高人氣的紡絲型起司。

天然起司最迷人的地方，就在於即使是以相同的製作方法製成的同一種起司，也會因氣候的影響、製作者的手藝而出現細微的差異，可以說每一塊天然起司都獨一無二。

加工起司則是將高達、切達等一種或多種天然起司加以粉碎、加熱、再凝固的成品。相較於天然起司，風味更穩定、保存性也較高。

此外，日常中會使用天然起司及加工起司等詞語作區分的地區，只有日本及美國等加工起司消費量較高的國家。如在歐洲只要提到起司，指的就是天然起司，所以不會使用這些詞語。

▶個性豐富的起司據說在全世界高達上千種。

天然起司的分類

分類		代表的起司
新鮮起司	在製程的第一階段即完成，不熟成的起司。因為沒有經過熟成，大多不具有特殊味道，成品柔軟又飽含水分。趁剛做好的新鮮狀態食用最好吃。	瑞可塔、馬斯卡彭、夸克等
紡絲型起司	原文「Pasta filata cheese」的「Pasta」在義大利語中意指「麵團」，「filata」則為「分為線狀」的意思。藉由凝乳酶將牛奶凝固，再以熱水滾燙排出乳清的凝乳，便形成了具有彈力的纖維狀組織。	莫札瑞拉、布拉塔、斯卡莫札等
白黴起司	表面長著白色黴斑，由外往內進行熟成的起司。切開的橫斷面內部為奶油色。隨著熟成的進展，表面會出現褐色的斑點，且內部變得有如融化般鬆軟柔滑。大多具有滑順綿密的溫和口感，特殊氣味較少，非常適合天然起司的入門者享用。	莫城布利 卡門貝爾 查爾斯等
擦洗式起司	熟成階段會用鹽水、紅葡萄酒或白蘭地浸泡擦洗表皮而得名。稱為「linens」的特殊菌種會在表面繁殖，熟成後大多具有強烈的氣味。外皮濕潤黏稠、味道具有深度，可說是內行人才懂的美味。	艾帕瓦斯 龐特伊維克 芒斯特等
羊奶起司	原文名字的「chèvre」在法文中指的是「山羊」，顧名思義，就是用山羊乳製成的起司。其歷史比牛乳製作的起司還要久遠，可謂是元祖等級的起司。熟成初期帶有清爽的酸味，隨著熟成的進展，其濃郁度及風味也會跟著提升。可以品嚐到羊乳特有的風味，在起司愛好者間的人氣極高。	瓦朗賽 謝河畔瑟萊 巴儂等
藍紋起司	讓青黴在起司內部繁殖並熟成的起司。青黴的熟成需要空氣，為了爭取空氣，所以會從內往外熟成。青黴強力分解脂肪的作用還會產生特有的刺激性香味，與其他的起司相比味道較鹹。很多人對其獨特的風味情有獨鍾。	斯蒂爾頓、古岡佐拉、洛克福等
半硬質&硬質起司	經由擠壓減少含水量，相對來說較硬的起司，可以長期保存。因將水分排出，變得幾乎感覺不出原本的柔軟度，質地較硬並具有重量感，多為加工起司的原料。根據熟成的進展狀態還可再細分為不同種類的起司。	切達、高達、帕瑪森等

保護標誌

※在本書中，指定的起司會標記上這個標誌。

AOP： 歐盟（EU）規定的地理性標記。英語以 PDO（Protected Designation of Origin）表示；各國也有自己的標記，如法國為 AOP（Appellation D' origine Protegee）、義大利為 DOP（Denominazione D' origine Protetta）、西班牙為 DOP（Denominacion de Origen Protegida）。以前稱為 AOC，後來都被歐盟統一稱為 AOP。

IGP： 歐盟法定的地理標誌之一，以「Indication Geographique Protégée」的字母開頭縮寫表示。意思為「地理標誌保護」。

AOP： 「Appellation D' origine Protégée」的縮寫。為歐盟非加盟國的瑞士各別規定的原產地保護標誌。

BASIC KNOWLEDGE OF CHEESE

№3

起司的製作方法

大體而言，就是將液狀的「乳」分離製成固體的作業，主要的製程可以分為三個階段。以下以使用牛奶製作的半硬質＆硬質的起司為例，介紹製造的步驟。

❶調整鮮乳原料

根據想要製作的起司類型，調整或不調整鮮乳的脂肪含量業。傳統起司的製造不會進行殺菌作業，但大量生產的起司會經過低溫加熱的處理後，才進入製造的製程。

首先會在已加熱的鮮乳原料中加入菌元（培養的乳酸菌），以打造適合乳酸菌及酵素生長的環境。當乳酸菌增殖後再加入凝乳酶以凝固鮮乳。

❷分離凝乳與乳清

當鮮乳原料凝固成凝乳的形態後，藉由凝乳的收縮及排出，使乳清得以分離，接著再進行攪拌、加溫。

當凝乳的收縮達到欲製造之起司種類的合適狀態後，即可分離乳清進行成型。形狀及大小交由模型來決定。將放入方形淺盤中凝固的凝乳切塊，或是使用像是湯勺或碗的器具直接盛入、又或是用布集中後直接移動等等，根據起司的分類，塑型的方法也很多元。

❸成型脫模後，進行熟成

凝乳濾除乳清後成型的物體稱為「新鮮起司」。需要進行熟成的起司，會在這個步驟加入鹽，使之熟成。

熟成期間會因起司的分類各異，若維持在一定的溫度及濕度下，短則一至二週，長則需要花費一至二年時間。微生物及酵素會分解蛋白質及脂質並合成胺基酸及脂肪酸，產生出每一種起司獨特的風味。

根據起司種類的不同，熟成的溫度、濕度及通風的程度都略有差異，也有以洗浸或刷洗等施以加工的類型。

天然起司的製法示範

茅屋起司

❶ 鮮乳原料

在經過殺菌的脫脂乳中，加入菌元，維持在30℃左右的環境中促進乳酸發酵作用。

❷ 凝固

有些會加入少量的凝乳酶，待凝固後，進行切塊。

❸ 加熱

一邊攪拌一邊加熱至50℃左右。

❹ 分離乳清

用水清洗凝乳塊，再過濾掉水。之後便能將製作完成的茅屋起司做成佐醬享用。

帕馬森起司

❶ 鮮乳原料

將經過靜置分離一晚，而部分脫脂的牛奶，與新鮮的鮮乳混和，放入窯中加熱，再將前一天的乳清當作菌元加入。

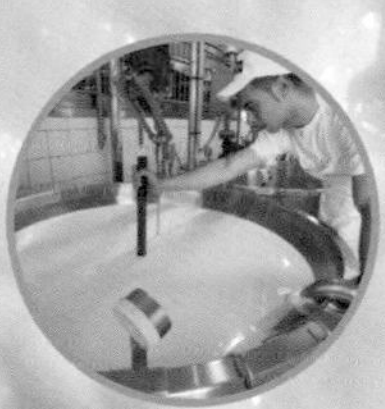

❷ 凝固

加入凝乳酶，經過10～12分鐘即可凝固。

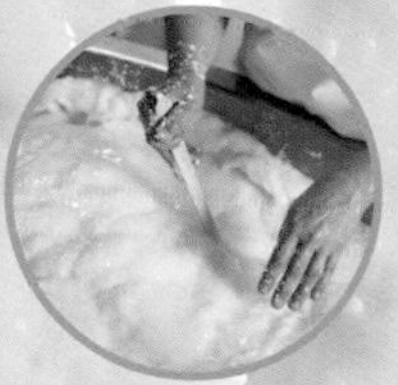

❸ 攪拌

用攪拌器（spino）將凝乳切碎成米粒大小。

❹ 分離乳清

一邊攪拌，一邊加熱到55℃。經過45～60分鐘後，當凝乳沉到底部，將塊狀物對分後用布包裹，吊掛於釜中。

❺ 成型（擠壓）

接著放入定型用的模型中，於當日傍晚，再換到另一個中間鼓起的不鏽鋼模型中靜置2～3天，就能製成鼓狀的起司。

❻ 加鹽

從模型取出後，放入飽和食鹽水中浸泡20～25天。

❼ 熟成

置於熟成庫中至少12個月，通常需要24個月。在熟成的過程中會進行洗刷作業，出貨時會一顆一顆敲打以檢查品質。

BASIC KNOWLEDGE OF CHEESE

№4

起司的營養與成分

歐洲甚至稱蛋白質含量豐富的起司為「白色的肉」，因是將牛奶的主要養分直接濃縮而成，為高度營養的食品。據說僅僅二十公克的起司，能萃取出相當於二百毫升牛奶的養分。

天然起司根據鮮乳原料及製作方法的差異而有各式各樣的種類，營養成分也是，但基本都具有蛋白質、鈣、鐵、維生素A、維生素B群等等，是營養均衡的我們體內所需成分的優良食品。可惜的是，起司並不含醣類及維生素C，因此在食用起司的時候，加入麵包、蔬菜或水果，就能完整攝取所有種類的營養成分。

另外，起司能調整腸道狀態，有助預防便祕及腹瀉。這都要歸功於起司所含的乳化脂肪及乳酸菌的效用。再加上，據說就連飲用牛奶會腹痛的人，也不用擔心會因為吃起司引起腹部不適。這是因為會造成腹痛的乳糖，在起司的製造過程中幾乎都已經被去除了。

適當地將起司加入飲食生活中，除了能增進健康，也能均衡飲食。不論是對發育期的兒童、年老者、或是工作的男性及年輕女性而言，起司都是每日餐食中不可欠缺的天然健康食品。

◀起司中所含的脂肪及鹽分會因種類而有所差異，配合自己的需求做選擇吧。

起司的營養（100g）

種類	熱量（kcal）	水分（g）	蛋白質（g）	脂質（g）	醣類（g）	維生素 A（μg）	維生素 B_2（μg）	鹽（g）
茅屋起司	105	79.0	13.3	4.5	1.9	37	0.15	1.0
奶油起司	346	55.5	8.2	33.0	2.3	250	0.22	0.7
卡門貝爾起司	310	51.8	19.1	24.7	0.9	240	0.48	2.0
藍紋起司	349	45.6	18.8	29.0	1.0	280	0.42	3.8
高達起司	380	40.0	25.8	29.0	1.4	270	0.33	2.0
帕瑪森起司	475	15.4	44.0	30.8	1.9	240	0.68	3.8

出處：七訂增補日本食品標準成分表

蛋白質

蛋白質為製造肌肉、細胞及血液等的重要營養素。也具有幫助身體吸收鈣質及維生素 B 等的作用。另外，起司也含有數種無法在體內生成的胺基酸。

鈣

鈣為建構骨骼的重要營養素。起司含有豐富的鈣，結合蛋白質更能促進體內的吸收。可說是最適合鈣不足的人的食品。

脂質

脂肪與蛋白質同為起司的主要成分。起司的脂肪球尺寸較小，因此能輕易被消化、分解，再加上豐富的維生素 B_2 能促進脂肪的燃燒，所以讓起司難以成為肥胖的原因。

維生素

起司含有豐富的維生素 A 及 B_2。維生素 A 具有維持皮膚及器官黏膜健康的作用，若是不足會造成免疫力下降。維生素 B_2 除了構成健康的皮膚與頭髮外，也具有降低膽固醇及中性脂肪的作用，能有效預防糖尿病及肥胖。

作為美容食品的起司

起司給人脂肪量很多的印象，很多人都會認為它並非適合減肥的食物。其實透過食用起司，會增加能燃燒體內脂肪的激素「脂聯素」。脂聯素已被證實能夠降低血液中的中性脂肪與總膽固醇的濃度。也就是說，起司不只不會造成肥胖，還有降低內臟脂肪的效果。

另外，由於起司含有豐富的維生素 A，也具有美肌及提高免疫力效果。雖然不能過量食用，但在日常飲食中加入高營養價值的起司，對美容及健康都很好。

新鮮起司

FRESH CHEESE

在乳品中加入乳酸菌及酵素凝固，
榨出水分後得到白色塊狀
即為未經過熟成的新鮮起司。
因水分含量多，口感柔軟，
香氣單純、帶有微酸的清爽風味，
是它的特徵。

MARIAGE
美味的組合

FRUIT

與橘子、蘋果、藍莓、奇異果、香蕉及柿乾等多樣水果的搭配性很好。

BREAD

與法國魔杖麵包、混入香料的布里歐許及貝果等的搭配性很好。尤其貝果與奶油起司更是必備的基本組合。

WINE

與白葡萄酒及氣泡酒非常合拍。味道柔和的新鮮起司，尤其適合帶點酸味的辛口或果香馥郁的白葡萄酒。

添加了香草的菲達起司。

低脂肪、低卡路里
酸味少、味道親和的萬能起司

義大利

瑞可塔起司

RICOTTA

▲最重視新鮮度的瑞可塔起司，盡早食用為鐵則。

CHEESE DATA

原產地　義大利

原食材　牛奶、水牛奶、羊乳清

風　味　口感柔軟，淡淡甜味的清爽味道

吃　法　直接品嚐、加蜂蜜與果醬一起食用

搭配飲品　氣泡酒、清淡的白葡萄酒、咖啡

瑞可塔起司的種類

瑞可塔起司的種類非常豐富。鹽漬瑞可塔起司（Ricotta Salata）是為了加長保存期限，而加入鹽減少水分的種類；與普通的瑞可塔起司相比，鹹味較強烈，多削屑當作義大利麵的配料。煙燻瑞可塔（Ricotta Affumicata）則為經過燻製的種類，搭配辛口的葡萄酒或啤酒很對味。

經過烤箱烘烤的烘製瑞可塔起司（Ricotta Infornata，又稱Ricotta al Forno），雖然店家也有販售，但若是有新鮮的瑞可塔起司，在自家就能製作。羊乳瑞可塔起司（Ricotta Forte）為在義大利的普利亞地區，將羊乳製成可裝入瓶內的膏狀瑞可塔。

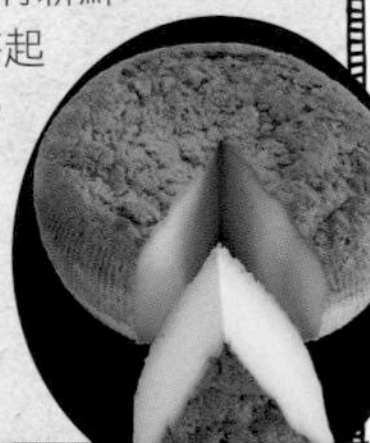

▶烘製瑞可塔起司。

▲將新鮮製作的意大利乳清乾酪舀入並包裝在模具中。

將起司生產過程中的副產物乳清作為原料的瑞可塔起司，其製作方法為，在乳清中加入少量的鮮乳後加熱，待開始冒泡後，將浮起的蛋白質去除並放入網篩中，最後濾掉水分即完成，其外觀就像是網篩豆腐。瑞可塔在義大利文中指的是「再煮一次」的意思，再加熱的製法為其名由來。

因為使用脫脂的乳清，這款低脂肪的起司非常受歡迎。另外，加入鮮奶油製作的瑞可塔，可以品嚐到更甘甜綿密的味道。因為是不具有特殊味道的起司，除了料理使用，用來製作甜點或直接當點心享用都非常美味。

另一方面，雖然在日本市面上販售的幾乎都是牛奶製作的瑞可塔起司，但提到瑞可塔起司，以羊乳製作的更為普遍，羊乳製成的瑞可塔羅馬諾起司（Ricotta Romana）受DOP所保護。羊乳的脂肪含量高，自古便經常利用其乳清製作瑞可塔起司。另外，具鮮甜奶香味的水牛奶製成的義大利水牛瑞可塔起司（Ricotta di Bufala Campana）也受DOP所指定。

使用起司的料理

瑞可塔起司除了可以直接品嚐，也可用於沙拉、義大利麵等料理乃至甜點，使用的範圍非常廣泛。在美國，作為「媽媽的味道」而備受歡迎的千層麵，一般都會使用瑞可塔起司替代白醬。

義大利西西里島的美食卡諾里（Cannoli），為一種在麵團中捲入瑞可塔、鮮奶油、水果乾或開心果的捲筒狀煎餅甜點。

▲菠菜番茄瑞可塔千層麵，吃起來比白醬更為清爽。◀發祥於西西里島的傳統甜點卡諾里。

容易入口、風味清爽、口味豐盈
作為提拉米蘇的食材很有名

義大利

馬斯卡彭起司

MASCARPONE

▲入口即化的馬斯卡彭起司，除了製作甜點外，直接品嚐也很好吃。

CHEESE DATA

原產地　義大利北部

原食材　牛奶

尺　寸　250g、500g

風　　味　入口即化，來自牛奶天然的甜味

吃　　法　直接品嚐、製成提拉米蘇等

搭配飲品　氣泡酒、咖啡、白蘭地

義大利：倫巴底大區

馬斯卡彭起司的原產地為北義大利第一大城米蘭所在的倫巴底大區。北部寬廣的山腹地，是義大利第一個被登記為世界遺產的卡莫尼卡山谷、科莫湖及加爾達湖等廣闊的美麗湖畔風景，吸引著全世界的觀光客。倫巴底大區活用大自然的恩惠，酪農業自古便非常興盛。

除了義大利麵及米飯，多以波倫塔（polenta，玉米粉煮滾製成的食物）為冬天的主食，也有將倫巴底的當地人稱為「porentone」（吃波倫塔）的說法。

▶美麗的科莫湖風景。

馬斯卡彭是口感像是鮮奶油打發般滑順的新鮮起司，具有清爽的風味。原本為義大利倫巴底大區的冬季特產品，如今則在義大利東北部全區整年都有製作。

起源於十六世紀後半到十七世紀之間。當時來到倫巴底大區的西班牙總督吃到馬斯卡彭起司時，情不自禁地大喊：「絕品！」（mas que bueno），據說這就是馬斯卡彭起司名稱的由來。

▲日本自 1990 年景氣繁榮起，提拉米蘇便廣受歡迎。

其製作方法是在加熱的鮮奶油中加入檸檬酸等凝固，再去除水分製成。乳脂肪含量高達八十％左右，因其酸味及鹹度較低，而能用於製作提拉米蘇等甜點。

它與藍紋起司的搭配性也很好，古岡佐拉起司溫和型（Dolce）與馬斯卡彭起司交互重疊的「古岡佐拉・馬斯卡彭起司」，其美味程度，就連不敢吃藍紋起司的人都會被擄獲。日本自一九九〇年提拉米蘇開始流行後，馬斯卡彭起司的需求量便隨之急增。

使用起司的料理

具有天然的甜味，作為提拉米蘇及蛋糕等甜點製作而享有高人氣的馬斯卡彭起司，與巧克力的搭配性也很好。加入布朗尼的麵團中烘焙，就能作出濕潤綿密的口感。

新鮮的馬斯卡彭起司可與水果搭配做成像是甜點的沙拉，其甜味與酸味的絕妙平衡，非常適合當作待客小點。

▲加入馬斯卡彭起司的巧克力布朗尼，最適合當作禮物。◀馬斯卡彭起司搭配草莓的沙拉，讓餐桌變得很華麗。

持續以自公元即有的製法製作
具有酸味與鹹味的希臘原產起司

希臘

菲達起司

FETA

▲容易崩解的菲達起司能感覺到鹹味、淡淡的酸味，以及羊奶獨特的風味。

CHEESE DATA

原產地　希臘／馬其頓地區等
原食材　羊奶、山羊奶
尺　寸　200g、400g

風　　味　沙沙的鬆軟口感，有鹹味與羊奶的風味
吃　　法　直接品嚐、以橄欖油浸泡等
搭配飲品　辛口白葡萄酒

古希臘與起司

希臘的起司生產歷史源自古希臘時期。在荷馬的希臘史詩《奧德賽》中，描寫著為了去除葡萄酒的酸味，而使用羊起司的情景，亞里斯多德及畢達哥拉斯等眾多作家，都曾留下有關起司的生產及消費的敘述。

在古希臘是將起司當作給神祇的獻品，供奉在神殿中，扮演著重要的角色。現在對於希臘人而言，起司也是生活中不可或缺的一員。

▶位於林多斯的古代遺跡。

希臘是首屈一指的起司大國，每人年均的起司消費量約有二十三公斤。誕生於希臘、該國最古老的起司，就屬菲達起司。

希臘的起司歷史早在公元前八世紀前就已經開始發展，但直到十七世紀才命名為菲達，義大利文中意指「切片」（Fetta）。進入二十世紀後，菲達起司在全世界都有生產，但現在能被稱為菲達起司的只限於希臘製作的產品。希臘的菲達起司使用產自色薩利、色雷斯及伯羅奔尼薩半島等地的羊奶，又或是最多只能加入三十%山羊奶的製品。由於加入山羊奶能增添風味，故製作者多會使用混乳製作菲達起司。

▲希臘料理中不可缺的菲達起司，外觀有如豆腐。

過去為了提高保存性，會將它浸泡於鹽水中而使味道偏鹹，但最近大多是不需要減鹽即可食用的種類。另外，將傳統的熟成方法重新改良後，近年開始出現使用木桶熟成的菲達起司。於木桶中熟成的菲達起司帶有淡淡的酸味，口感細膩，非常推薦與橘子等柑橘類一起做成希臘沙拉品嚐。

使用起司的料理

在平常做的歐姆蛋中加入菲達起司，就能變身為色彩繽紛的希臘風歐姆蛋，作為假日的早午餐或是晚餐的配菜都很適合。

在沙拉中加入菲達起司，就能搖身變為希臘風沙拉。切一些喜歡的生菜及橄欖，淋上橄欖油、檸檬汁及酒醋即完成。將番茄換成西瓜，又是完全不一樣的風味。

▲加入番茄、巴西利、菲達起司的歐姆蛋。
◀生菜及方塊狀的菲達起司，以鹽、胡椒及橄欖油調味的希臘沙拉。

哈羅米起司

賽普勒斯

HALLOUMI

稍微煎烤也不會融化
地中海當地的不可思議起司

▲表面以薄荷葉覆蓋。

哈羅米誕生於東羅馬帝國時期的地中海小島國，賽普勒斯。這款起司現在在土耳其等中東地區，也被廣泛食用。

傳統的哈羅米是在羊奶或山羊奶中加入凝乳酶使其凝固，經過加熱後浸泡於鹽水中製成。由於早期會用薄荷葉將哈羅米起司包裹保存，所以至今仍然會用薄荷葉覆蓋表面。

哈羅米起司的融點高，即使加熱也不會融化，因此多以油炸或煎烤為主要食用方式。味道較鹹，咬的時候甚至會發出「啾」的聲音，可以享受其不可思議的彈力感。

▲使用橄欖油煎烤哈羅米起司的地中海風沙拉。

CHEESE DATA

原產地	賽普勒斯
原食材	牛奶、綿羊奶、山羊奶
尺　寸	220～850g
風　味	獨特的嚼勁、重鹹味與牛奶的鮮味
吃　法	直接品嚐、炸、煎烤等
搭配飲品	果香馥郁的白葡萄酒、啤酒

傑托斯特起司

挪威

GJETOST

▲以焦糖形狀、紅色包裝紙包裹的品牌「Ski Queen」所販售。

▼也有販售只使用牛奶的製品。

在挪威語中的「GJET」意指山羊，而「OST」為起司的意思。也被稱為「Brunost」，只用山羊奶製作的則稱為「真正的山羊起司」(Ekte Gjetost)。

傑托斯特是將山羊乳與乳清、奶油混和加熱煮稠至焦糖狀，再加入鮮奶油製成，因此呈現出像焦糖般的茶褐色。在濃縮的甜味與鹹味中又帶點酸味，就像是鹽味焦糖或花生醬的不可思議味道。在挪威常將起司放在麵包上搭配咖啡當早餐，或輕食點心食用，另外也會混入肉類料理的醬汁中。

CHEESE DATA

原產地　挪威

原食材　山羊奶、牛奶

尺　寸　250g

風　味　有黏度的甜味、鹹味與酸味

吃　法　直接品嚐、放在麵包或鬆餅上

吃　法　咖啡、果香馥郁的紅葡萄酒

布羅秋起司

法國

BROCCIU

純白的外表像豆腐般柔軟
散發淡淡天然甜味的起司

▲剛製成的布羅秋起司口感就像豆腐。由於新鮮度非常重要，需要在48小時內出貨。

位於地中海的科西嘉島為布羅秋起司的原產地。此島通常亦被稱作「美之島」（Ile de Beaute），又以拿破崙一世的出身地備受世人熟知。

使用製作起司時產生的乳清製作的布羅秋起司，其口感就像豆腐，味道濃郁。布羅秋起司會隨著時間的經過減少水分，咬起來的口感變得堅硬，因此其新鮮度非常重要。即使是在當地也很難遇上新鮮製成的「夢幻起司」。

相傳拿破崙的媽媽為了讓兒子吃到新鮮的布羅秋起司，甚至將科西嘉島的山羊運送至巴黎。

▲夾入布羅秋起司與火腿的歐姆蛋，再配上新鮮番茄就是一頓美味的早餐。

CHEESE DATA

原產地　法國南部　尺寸　250g～3kg

原食材　羊奶、山羊奶

風　味　多汁的口感、牛奶的甘甜

吃　法　直接品嚐、製成沙拉、歐姆蛋或起司蛋糕

搭配飲品　白葡萄酒

✓FRESH CHEESE □PASTA FILATA □WHITE CHEESE □WASH CHEESE □CHÈVRE CHEESE □BLUE CHEESE □SEMI HARD & HARD CHEESE

法國白起司

法國、比利時

FROMAGE BLANC

▲法國白起司，又稱 Fromage Frais（新鮮起司的意思）。
▼混合鹽、胡椒、香草木的沾醬。

乳白色的柔滑綿密狀，名字的原文就是「白色起司」的意思。脂肪含量幅度從零%～四十%都有，酸味比優格柔和、質地比奶油起司輕盈、味道比鮮奶油清淡。幾乎沒有特殊味道，因此簡單淋上果醬或蜂蜜就是很美味的點心。

一般通常以五百公克裝的塑膠容器販售，商用則是使用五公斤的桶裝。可以分為綿密的 Battut 及附有脫水盒的 champagne 兩種。champagne 類型口感近似木棉豆腐，推薦給喜歡厚實口感的人。

CHEESE DATA

原產地	法國、比利時等
原食材	牛奶
風　味	濃郁的口感、適中的鹹味
吃　法	直接品嚐、沾醬、搭配蜂蜜或果醬
吃　法	薄酒萊葡萄酒、辛口的粉紅葡萄酒

夸克

德國

QUARK

歷史悠久的乳酸菌發酵製法
口感帶有酸味的德國新鮮起司

▲白色未熟成的柔軟起司與法國白起司很相似。

將乳蛋白加熱至凝固後，就能製成不經熟成的新鮮起司。在德國有被當成健康食品食用的零脂肪夸克起司（Magerquark）、脂肪量占乾燥重量二十%的一般夸克起司、脂肪量四十%的綿密狀奶油夸克起司（Sahnequark）則被當作製作蛋糕或點心的材料使用。

夸克起司的傳統製法為進行凝固時，使用檸檬酸而非凝乳酶，因此傳統的夸克起司都帶有強烈的酸味。現在則是以使用凝乳酶的製法為主流，因此酸味也變得柔和許多。

可以抹在麵包上，或是加入果醬、蜂蜜及水果，直接品嚐也很美味。

▲蘇打餅搭配新鮮夸克起司、番茄和香草。

CHEESE DATA

原產地	德國等地
原食材	牛奶
風　味	味道溫和，優格般的酸味
吃　法	直接品嚐、沙拉、淋上果醬或蜂蜜、塗抹於麵包上
搭配飲品	白葡萄酒、咖啡

聖馬爾瑟蘭起司

法國

SAINT-MARCELLIN

熟成前後就像完全不同的起司
根據不同的熟成程度有著各種面貌

▲放入陶器中直接烤製的熟成聖馬爾瑟蘭起司。

▼夾入法式長棍麵包中烘烤也很美味。

聖馬爾瑟蘭起司滑順的口感極具魅力，從新鮮全熟成不同階段的起司各異。表面細緻的純白質地與柔和的味道為其特徵。

在冬天會吹起強烈密史脫拉風（mistral）的多菲內地區，自古飼養著山羊。十九世紀鐵路開通後，這款起司運送至里昂販售，由於需求的增加，山羊奶不夠的量就以牛奶補足，最後就演變成只用牛奶製作。由於熟成後會變得堅硬、出現苦味，便會在濕度較高的熟成庫中進行熟成，使成品呈黏糊狀。

而這款起司的發跡為里昂的起司商，理察（Richard）太太。熟成聖馬爾瑟蘭起司這道料理則是經由三星主廚保羅．博庫斯（Paul Bocuse）的介紹而一躍成名。

CHEESE DATA

原產地	法國東南部
原食材	牛奶
尺　寸	80g
風　味	滑順綿密的溫和口感
吃　法	直接品嚐、搭配麵包
吃　法	果香馥郁的紅葡萄酒、白葡萄酒

＊密史脫拉風（mistral）：從阿爾卑斯山脈通過羅訥河谷吹往地中海，寒冷乾燥的強風。　＊Affiné：「已熟成」的意思

奶油起司

美國

CREAM CHEESE

做成蛋糕或小點，備受全世界喜愛
濃郁的味道與良好的入口即化口感

▲南瓜風味滿載的南瓜麵包搭配奶油起司。

柔軟滑順的奶油起司是以鮮奶油或加入牛奶的鮮奶油製作，不經熟成的起司類型，乳酸菌帶來的些許酸味以及乳脂肪的豐厚味道為其特徵。

原產地及問世時間皆不明，但在一八七二年位於紐約的乳製品加工業者威廉．羅倫斯（William Lawrence），以法國的訥沙泰勒起司為發想，在製造過程中加入鮮奶油，製作出四方形的起司被當作正式製造的開端。

現在，世界各處出產奶油起司。基本的製法大致都相同，但不同製造商做出的風味及味道皆有所不同，甚至也有混入果乾或堅果等等的製品。

CHEESE DATA

原產地　美國等地

原食材　牛奶

風味	滑順的舌尖觸感、乳酸菌帶來的酸味
吃法	塗於麵包或貝果、做成起司蛋糕
搭配飲品	酒體輕盈的白葡萄酒或粉紅葡萄酒、蘋果酒、咖啡、紅茶等

▲將奶油起司以生鮭魚片包起的壽司，名為「費城壽司捲」（Philadelphia Roll）。

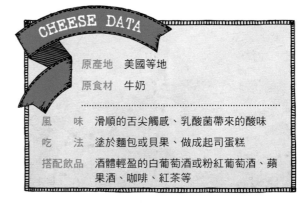

茅屋起司

英國、荷蘭

COTTAGE CHEESE

☑ FRESH CHEESE ☐PASTA FILATA ☐WHITE CHEESE ☐WASH CHEESE ☐CHÈVRE CHEESE ☐BLUE CHEESE ☐SEMI HARD & HARD CHEESE

像豆腐般的口感與清爽的味道
在自家就能簡單製作的健康起司

▲ 相較於加工起司與卡門貝爾起司，茅屋起司的卡路里只有其三分之一。
▼ 加入穀麥及水果一起盛盤。

茅屋起司以脫脂奶或脫脂奶粉為主要原料，加入乳酸菌與酵素製作，不經熟成的新鮮起司。因為製作方法並不難，很多家庭也會自製茅屋起司。

由於其蛋白質含量高、低脂肪、低卡路里，作為健康食品非常受歡迎。雖然與瑞可塔非常相似，但相對於以乳清為原料的瑞可塔，以脫脂乳為原料的可塔，

茅屋味道更清爽。

含在口中會滿溢四散的新鮮味道，除了做成沙拉，磨成泥狀後最適合起司蛋糕等甜點製作用。加上蜂蜜或果醬，簡單當作點心的吃法也很推薦。

CHEESE DATA

原產地		英國、荷蘭等地
原食材		牛奶
風　味		脂肪較少，清淡的味道
吃　法		直接品嚐、沙拉、起司蛋糕的食材等
吃　法		酒體輕盈的白葡萄酒或粉紅葡萄酒、咖啡、紅茶

紡絲型起司

PASTA FILATA CHEESE

在義大利文中的 PASTA FILATA
為「纖維狀的麵團」的意思。
製成的起司分裂成纖維般的絲狀，
吃起來具有彈性。
經過加熱會更加伸展，
是大人小孩都喜歡的高人氣起司。

MARIAGE
美味的組合

FRUIT

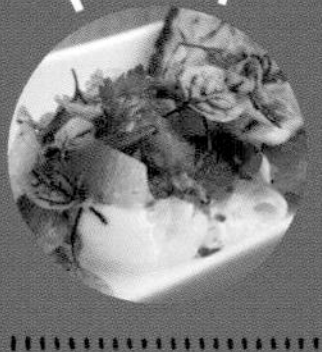

新鮮乳品的鮮甜及風味，與各式各樣的水果都很對味。做成沙拉、開胃菜或點心等，可以享受多元的品嘗樂趣。

BREAD

加熱後變得又Q又有彈性，能延展得更長。不僅限於披薩，與有甜味的軟式麵包、簡單的麵包等，各式各樣的麵包都很搭。

WINE

此款起司帶有柔和的香甜奶味的，除了適合搭配濃郁的紅葡萄酒、白葡萄酒，與氣泡酒及啤酒等各種酒都很對味。

葫蘆型的馬背起司（卡丘卡巴羅），
多以垂掛的狀態販售。

波羅伏洛起司

義大利

PROVOLONE VALPADANA

Q嫩有彈性的獨特口感
富有奶香易入口的起司

▲臘腸型、西洋梨型等多種獨特型狀的波羅伏洛起司。

原文為拿坡里的方言中，意思是指球體的PROVOLA。於距離故鄉遙遠的北義大利的波河平原製造，其原因為義大利統一後，南北的交流變得容易，南義大利的投資家們帶來了紡絲型起司的技術。自此之後，在義大利各地都製造著這款起司。最原本為西洋梨型，但臘腸型、哈密瓜型、葫蘆型等獨特的造型也隨之出現，其尺寸也非常多元，從五百公克到一百公斤都有。

彈嫩的口感及溫和的奶香味為特徵，彈性也很好。用於義大利麵或焗烤等，經過燒烤後食用為普遍吃法。

▲以新鮮的菠菜、番茄、火雞肉與波羅伏洛起司製成的帕尼尼。

CHEESE DATA

原產地　義大利北部

原食材　牛奶　尺寸　500g～100kg

風　味　熟成較短的類型為順滑綿密的溫和風味；熟成較久則較為堅硬、較鹹。

吃　法　直接品嘗、做成義大利麵或焗烤

搭配飲品　風味濃厚的白葡萄酒、紅葡萄酒

莫札瑞拉起司

義大利

MOZZARELLA

與橄欖油及番茄醬非常搭配
無過於特殊的風味與獨特的彈性為魅力所在

▲莫札瑞拉起司的新鮮度極為重要。

▼能盡情品嘗莫札瑞拉起司風味的卡布里沙拉。

隨著披薩的普及，全世界都開始生產莫札瑞拉起司。莫札瑞拉原本專指水牛奶製的成品，牛奶製成的則稱為「牛奶之花」（FIOR DI LATTE）。現在則以牛奶製的成品為主流。

二十世紀後半起，北義大利的工廠開始大量製造這款起司。生食用途會以杯裝或袋裝，披薩用途則多為脫水過的成品。美國及德國的產量也非常多。

表面滑順又濕潤有彈性，良好的拉伸性為莫札瑞拉特徵，遇熱可以牽出長長的絲。其溫和的酸味中又帶有些微的甜，是味道清爽的起司，最適合做成卡布里沙拉及瑪格麗特披薩。

CHEESE DATA

原產地　義大利

原食材　牛奶

風　　味　口感帶有輕微彈性與無特殊風味的鮮甜味

吃　　法　直接品嘗、披薩、沙拉等

搭配飲品　酒體輕盈的白葡萄酒或粉紅葡萄酒、氣泡酒

□FRESH CHEESE ☑PASTA FILATA □WHITE CHEESE □WASH CHEESE □CHÈVRE CHEESE □BLUE CHEESE □SEMI HARD & HARD CHEESE

乳脂肪含量高，
新鮮又濃郁的水牛奶的風味為特徵

義大利

水牛莫札瑞拉起司

MOZZARELLA DI BUFARA CAMPANA

▲在義大利當地為高級食材的水牛莫札瑞拉起司。

CHEESE DATA

原產地　義大利中、南部

原食材　水牛奶

尺　寸　20～800g

風　　味　口感濕潤、帶有淡淡的酸味與牛奶的甜味

吃　　法　直接品嘗、披薩、三明治、歐姆蛋

搭配飲品　白葡萄酒、紅葡萄酒

莫札瑞拉的故鄉

位於義大利半島西南部，面向第勒尼安海的坎帕尼亞區殘存許多古羅馬時代的遺跡，如龐貝、埃爾科拉諾卡、布里島、阿瑪菲海岸等等，是列入世界遺產的絕美祕景。坎帕尼亞區內的薩雷諾特別盛產莫札瑞拉起司。

距離薩雷諾不遠處的卡帕喬被稱為「莫札瑞拉的故鄉」，不只是因為新鮮製成的莫札瑞拉起司，用水牛奶製作的優格及義式冰淇淋，也是吸引大量觀光客前來的主因。公元前6世紀，作為希臘殖民地都市建立的帕埃斯圖姆的遺跡也不能錯過。

▶美麗的港灣都市，薩雷諾。

DIBUFARA意指水牛。這款起司如同其名，只使用水牛奶製成，在原產地的南義大利的坎帕尼亞的溼地有著水牛棲息。時至今日，從前的濕地消失，非常怕熱的水牛必須依靠人工水池的幫助調節體溫。雖然奶量少，但水牛奶豐富優質的脂肪與蛋白質、濃郁的鮮美味以及高雅的甜味仍無可替代，是吸引眾人的魅力所在。

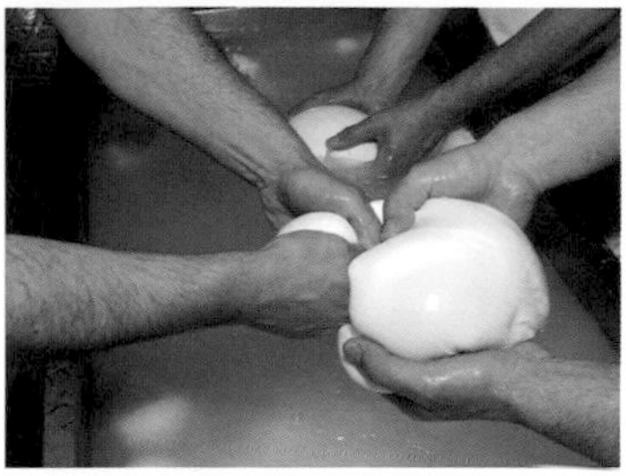

▲正在進行拉扯塑型的水牛莫札瑞拉起司。

莫札瑞拉為意指拉扯的mozzare，因在製造起司的過程中，需如年糕般反覆拉扯延展起司。詳細來說，就是將比牛奶製品更白皙、帶有光澤的原料整合成一個，藉由一點一點的反覆拉扯來塑型，最後放置於鹽水中即完成。以前是以兩人為一組手工作業，現在多已機械化。以前只有原產地才買得到，現在歸功於冷藏運輸的發達，全世界都吃得到正統的莫札瑞拉起司。

使用起司的料理

想品嘗水牛奶特有的奶香味，就要趁新鮮享用剛切片的起司。加上橄欖油、鹽、胡椒及香草品嘗也非常推薦。

剛炸起的莫札瑞拉起司條絕對好吃，冷卻後也別具一番風味。無論與哪一種沾醬都很搭，特別推薦覆盆子醬，當莫札瑞拉的濃醇與覆盆莓的酸甜味交織在一起時，是讓人一吃就上癮的絕妙美味。

▲直接切片品嘗，享受具有彈性的獨特口感及鮮甜的牛奶風味。◀熱騰騰的炸莫札瑞拉起司條。

在莫札瑞拉起司中包裹著鮮奶油
質地柔滑的起司

布拉塔起司

義大利

BURRATA

▲切開布拉塔起司，中間濃厚的鮮奶油便緩緩流出。

CHEESE DATA

原產地　義大利南部

原食材　水牛奶

風　　味　口感綿密如奶油的濃厚風味

吃　　法　直接品嘗、沙拉等

搭配飲品　果香馥郁的白葡萄酒或是氣泡酒

蒙特城堡

布拉塔起司生產於義大利普利亞大區的安德里亞。從安德里亞的城鎮往穆爾傑高原的丘陵地帶前進，視野隨之展開，橄欖園、葡萄園及牧草地的景色非常遼闊，矗立其上的就是蒙特城堡。

13 世紀的羅馬皇帝腓特烈二世，以別墅與待客為目的建造的這座城堡， 以八邊形為設計概念，八邊形的中央庭院，八個角落分別聳立的八邊形小塔。據説腓特烈二世非常擅長數學及天文學。至於這座城堡為何充滿著「八」，至今始終是個謎。

▶山丘上的蒙特城堡。

□FRESH CHEESE ☑PASTA FILATA □WHITE CHEESE □WASH CHEESE □CHÈVRE CHEESE □BLUE CHEESE □SEMI HARD & HARD CHEESE

義大利中部普利亞大區的布拉塔起司，是在袋狀的莫札瑞拉起司中包裹著更細緻的莫札瑞拉起司與鮮奶油的混和物，並以束口包裝的特色起司。

其起源於一九二〇年代在普利亞大區的安德里亞郊外經營農場的羅倫佐（Lorenzo Bianchino Chieppa），他為了想要有效利用製作莫札瑞拉起司時所剩餘的起司，而發想出布拉塔起司。

▲以模仿金穗花的葉子製作的塑膠袋包裹為現在的包裝方式。

傳統上用金穗花（百合的一種）的葉子包裹，如此就能透過葉子的新鮮與否來知道布拉塔起司的新鮮程度。近幾年則是多以塑膠袋或塑膠容器包裝販售。

新鮮度最為重要的布拉塔起司，若放入冰箱冷藏保存，其柔滑的質地就會變硬，進而降低其風味，因此趁著剛購入的當日食用最佳。就如同其義大利文的原名意指「像奶油般」，鮮奶油的甜美與淡淡酸味的絕妙交織，只要吃過就肯定會愛上。

使用起司的料理

新鮮的布拉塔起司，只要淋上優質的橄欖油、鹽、現磨胡椒就十分美味。食用時置於常溫中回溫，就能品嘗到入口即化的口感與奶香風味的進階味蕾饗宴。

與水果、生火腿、柿子等非常搭配，可以加入沙拉、前菜及甜點，試著做出各式各樣的變化。

▲在布拉塔起司淋上橄欖油、鹽、胡椒、喜好的香草。◀在布拉塔起司疊上葡萄柚與貝比生菜的沙拉料理。

斯卡莫札起司

義大利

SCAMORZA

相較於莫札瑞拉起司
味道更柔和的起司

▲使用麻繩垂吊乾燥，因此有著西洋梨般的外表。

斯卡莫札起司的原文指的是「切開前端」的意思，西洋梨般的形狀為特徵。乳白色的外表且無特殊風味，與各式各樣的起司及其他食材的搭配性都很好，最適合使用於製作披薩或焗烤。其纖維狀的組織富有彈性，就像是將莫札瑞拉起司脫水而得的起司。由於帶有清淡的酸味與明顯的鹹味，加上辛香料與香草直接品嘗就很美味。

煙燻斯卡莫札起司（Scamorza Affumicata）增添了燻製的香氣，有著細膩的味道及甜味。用平底鍋煎烤、以豬肉等捲起焗烤，品嘗的方法非常多元。搭配葡萄酒或啤酒一起享用都非常美味。

▲季節蔬菜與斯卡莫札起司的燒烤。

CHEESE DATA

原產地　義大利南部

原食材　牛奶

尺　寸　280g

風　味	剛剛好的鹹度與酸味，牛奶的甜味
吃　法	直接品嘗、披薩、三明治、焗烤
搭配飲品	白葡萄酒、啤酒

卡丘卡巴羅・西拉諾起司

義大利

CACIOCAVALLO SILANO

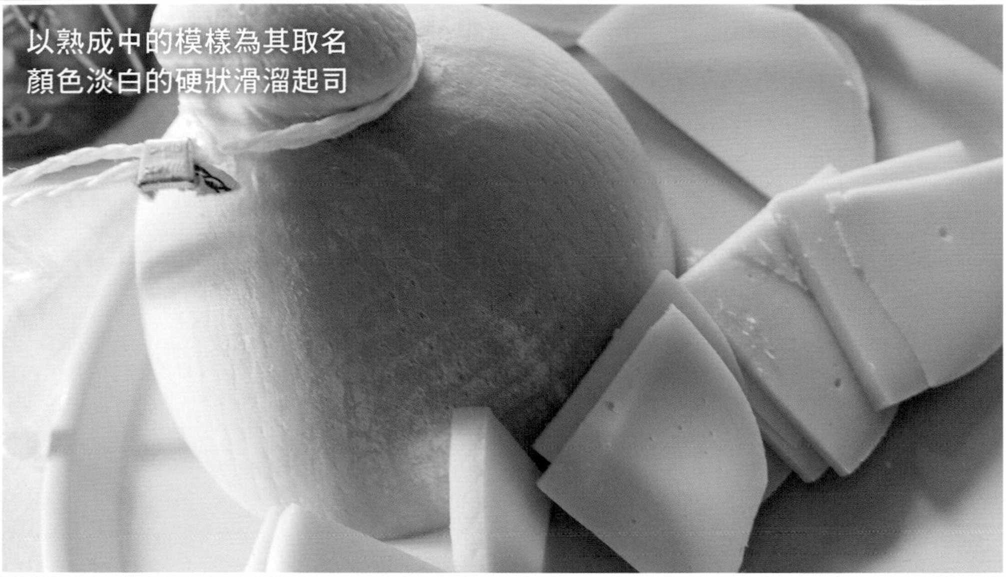
以熟成中的模樣為其取名
顏色淡白的硬狀滑溜起司

▲特殊葫蘆型的卡丘卡巴羅起司。
▼加以燒烤形成外酥內軟的口感。

南義大利歷史悠久的葫蘆型起司，最早的紀錄起於公元前五世紀，在起司的歷史中屬於非常古老的。以二個為一組橫掛在棒子兩端進行乾燥、熟成。其景象看起來就如橫跨於馬背上，因此據說亦被取名為「馬背起司」。

卡丘卡巴羅起司在製造時會將原料放入熱水中，反覆揉捍延展，使其分裂成纖維狀，具有一旦加熱，其延展性就會變得非常好的特性。表皮為奶油色，但內裡呈現乳白色並富有彈性，沒有異味及雜味，濃縮著牛奶的鮮甜。伴隨熟成，可以品嘗到風味強烈、酸味明顯的濃郁滋味。

CHEESE DATA

原產地　義大利南部
原食材　牛奶
尺寸　1～3kg

風　　味	恰到好處的鹹度、牛奶的滋味與甜味
吃　　法	直接品嘗、加熱淋上橄欖油
搭配飲品	紅葡萄酒、白葡萄酒

□FRESH CHEESE ☑PASTA FILATA □WHITE CHEESE □WASH CHEESE □CHÈVRE CHEESE □BLUE CHEESE □SEMI HARD & HARD CHEESE

「起司界女王」——卡門貝爾起司。

白黴起司

WHITE CHEESE

表面覆蓋一層白色黴斑的軟質起司。
口感大多綿密柔滑，
味道溫和也較少特殊異味，
因此很受歡迎。
隨著熟成的進展，
內餡變得像是要融化般的柔軟。

MARIAGE
美味的組合

FRUIT

卡門貝爾起司原產地諾曼第的蘋果栽種也非常興盛，因此與蘋果的搭配性非常出色。也很推薦搭配葡萄、芒果及杏桃。

BREAD

柔軟且滋味濃郁的起司與裸麥麵包非常對味。也能輕易與法式長棍麵包、鄉村麵包等簡單的麵包搭配品嚐。

WINE

辛口的白葡萄酒、酒體輕的紅葡萄酒及香檳都很合拍。熟成的起司或添加了鮮奶油的起司類型，則適合與酒體飽滿的葡萄酒搭配飲用。

查理曼及路易十六的愛好
粉絲遍布全世界的「起司之王」

莫城布利起司

法國

BRIE DE MEAUX

▲莫城布利起司，優雅的風味可說是白黴起司中的最佳選擇。

CHEESE DATA

原產地　法國中部

原食材　牛奶

尺　寸　直徑36～37㎝、重量2.5～3kg

風　味　無特殊異味的高雅風味與蘑菇般的香氣

吃　法　直接品嚐、塗抹於法式長棍麵包上

搭配飲品　紅葡萄酒、香檳

起司的故鄉：莫城

莫城小鎮（Meaux）以巴黎為中心，方圓150公里廣大的法蘭西島大區。位於法蘭西島大區東側的布利（Brie）小鎮與大都市巴黎正相反，南北被塞納河與馬恩河包夾，自然資源豐富、廣闊的閒適牧草地帶。莫城布利起司誕生的莫城小鎮，是個中世紀以來長達1,000年歷史悠久的小鎮，市中心聳立著哥德式建築的大教堂。

此外，莫城除了起司，以傳統製法製作的芥末醬也很知名。在莫城的起司商店中，也有販售在布利起司中加入顆粒芥末醬的起司類型。

▶聖斯德望主教座堂。

被尊稱為「起司之王」的莫城布利起司，其原產地為法蘭西島大區的莫城。直徑為三十七吋、厚度僅三吋的圓盤狀起司。

莫城布利起司的歷史相當悠久，據説是八世紀的法國皇帝查里曼及路易十六的最愛。而讓莫城布利起司登上「起司之王」寶座的起源為，一八一五年六月舉行的維也納會議。當時為了舒緩會議的緊繃氛圍，而舉辦了各國起司的品評大賽，最終莫城布利起司脱穎而出，為名列第一的起司之王。

▲莫城布里起司的入模為手工作業。

莫城布利起司與莫倫布利起司（Brie de Melun）、庫洛米耶起司（Coulommiers）並列「布利三兄弟」。其中的莫城布利起司在白黴起司界中最受歡迎。雖然是以巴黎近郊的莫城小鎮命名，但現在主要的生產地為遙遠的東邊——默茲省（與莫城相距約三百公里）為主。

濃郁的滋味及高雅的味道，非常符合日本人的胃口。試吃比較具有豐富個性的布里起司的其他兄弟，也是一種品嚐的樂趣。

使用起司的料理

想要品嚐莫城布里起司最原本純粹的味道的話，就放在蘇打餅或法式長棍麵包上。熟成期較短的種類適合與可頌麵包一起享用。由於不帶有特殊異味且味道柔和，搭配鯷魚、莎樂美腸及火腿的組合也很美味。

卡門貝爾起司的煎烤料理很出名，而莫城布里起司的慢煎料理也是絕品。這個時候，最推薦搭配酸甜的果醬品嚐，而非醬汁。

▲夾入莫城布利起司與生火腿的可頌三明治。

◀放在鄉村麵包上，與香檳的搭配性很傑出。

入口即化的口感與豐饒的味道
法國政府所認可的卡門貝爾起司始祖

法國

諾曼第卡門貝爾起司

AMEMBERT DE NORMANDIE

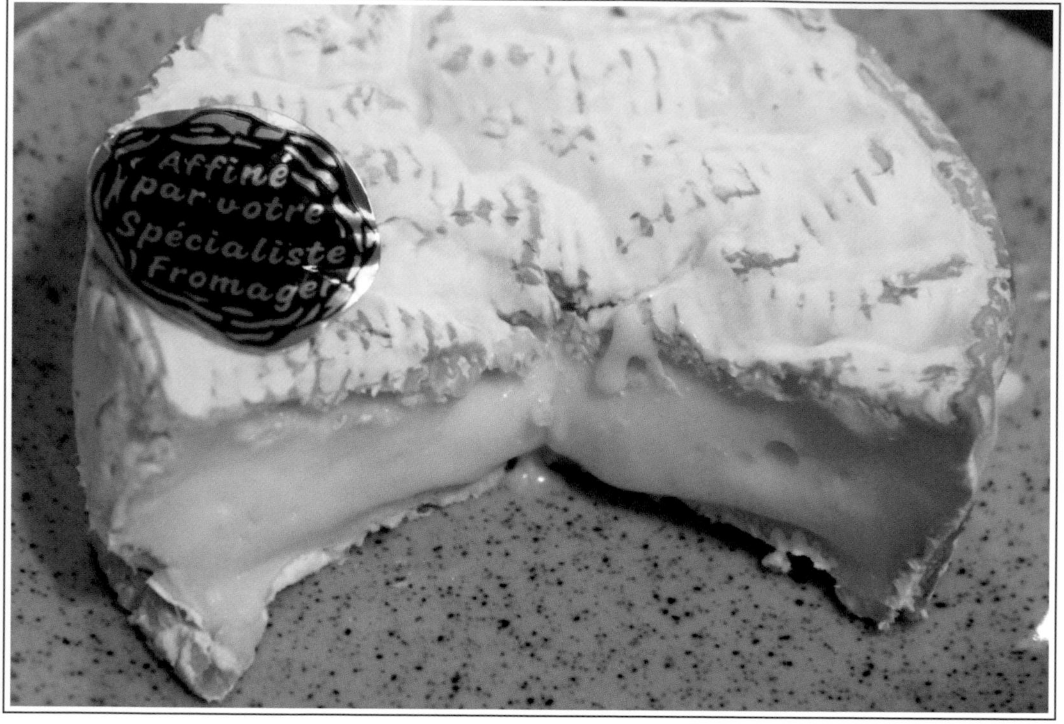

▲被認可為卡門貝爾起司始祖的諾曼第卡門貝爾起司 。

CHEESE DATA

原產地	法國西部
原食材	牛奶
尺　寸	直徑10.5～11cm、高度3cm、重量250ｇ以上
風　味	濃厚的沉穩味道、適度的鹹
吃　法	直接品嚐、搭配水果、加熱後做成料理
搭配飲品	薄酒萊葡萄酒或是辛口白葡萄酒

蘋果的微發泡酒

法國北部的諾曼第大區，由於其氣候不適合栽種葡萄，因此更興盛使用當地特產的蘋果釀造「蘋果酒」（cider）。蘋果酒是將從蘋果榨取出的果汁進行發酵製成的酒，帶有適度的酸味與甜味，酒精濃度也不高所以很受女性歡迎。進一步將蘋果酒進行蒸餾的話，就會製成「卡巴度斯蘋果白蘭地」（calvados）。

諾曼第原產的卡門貝爾起司特別適合蘋果酒。蘋果本身的酸甜味能夠帶出卡門貝爾起司的層次，吃起來很爽口，是諾曼第特有的組合。

▶漂亮黃金色的蘋果酒。

味道順口，備受全世界喜愛的卡門貝爾起司。其原形為諾曼第卡門貝爾起司。

卡門貝爾起司為在法國的諾曼第大區的卡門貝爾村於十八世紀開始製作的起司，到了一八九〇年，因為使用便於搬運的木造箱子，而流傳於全世界各地。另一方面，由於較晚取得ＡＯＣ的認證，因此世界各地都有「卡門貝爾起司」的仿製品。因此，在一九八三年取得ＡＯＣ認證時，除了產地的限制，還需要符合使用無殺菌乳品等生產規定才能被認可為「諾曼第卡門貝爾起司」。

▲諾曼第地區的傳統品種，諾曼第牛。

說到卡門貝爾起司，大家都知道它是一種容易入口的起司，但始祖諾曼第卡門貝爾起司是以紮實的味道為特徵。剛出爐時帶有強烈的濃郁鮮美味與層次，經過熟成後，內裡宛如融化般的綿密柔滑，香氣也更加強烈。與諾曼第產的蘋果酒非常對味，也經常會搭配蘋果做成前菜。

使用起司的料理

想要使用卡門貝爾起司製作時髦的待客小點的話，最適合做成法式切片麵包（Tartine）。將法式長棍麵包或細的法國麵包烤到焦香，搭配卡門貝爾起司和喜好的水果或生菜即完成。

水果的鮮甜與卡門貝爾起司的搭配性非常好，推薦富有酸味與濃郁甜味的蘋果，也可以試著用喜好的食材變化料理。

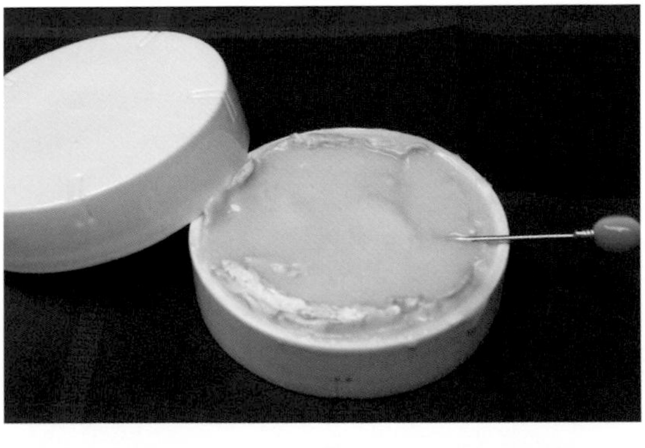

▲卡門貝爾起司、蘋果與焦糖化堅果切片麵包。◀放入卡門貝爾專用的容器（CLOCHE A CAMEMBERT）微波加熱，簡易的起司鍋便完成了。

卡門貝爾起司

法國

CAMEMBERT

入口即化的柔軟口感與順口的味道
被稱為「起司女王」的白黴起司

▲「最具代表性的白黴起司」卡門貝爾起司。

白黴起司最具代表性的卡門貝爾起司，其始祖為無殺菌乳品製作的諾曼第卡門貝爾起司。但以殺菌乳品製的卡門貝爾起司更受歡迎。味道非常圓潤、口感又順滑，可以說是任誰都會喜歡的起司。

牛奶產量豐富的諾曼第區域，大型乳品公司眾多，經殺菌的卡門貝爾起司也經常提供給學校與航空公司。將一個二百五十公克的起司切成八分之一再包裝的類型最為普遍。日本流通的也多是經過殺菌的類型，畢竟經殺菌的製品賞味期更長，風味也更穩定。

▲卡門貝爾起司漢堡。

CHEESE DATA

原產地　法國

原食材　牛奶

風　　味　綿密滑順的樸實滋味

吃　　法　直接品嚐、塗抹於法式長棍麵包

搭配飲品　紅葡萄酒、蘋果酒

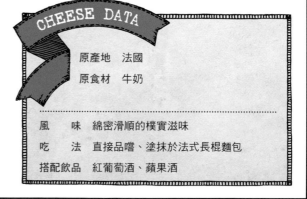

庫洛米耶起司

COULOMMIERS

隨著熟成的進展變得更加濃厚有層次
日本人自古以來便熟知的起司

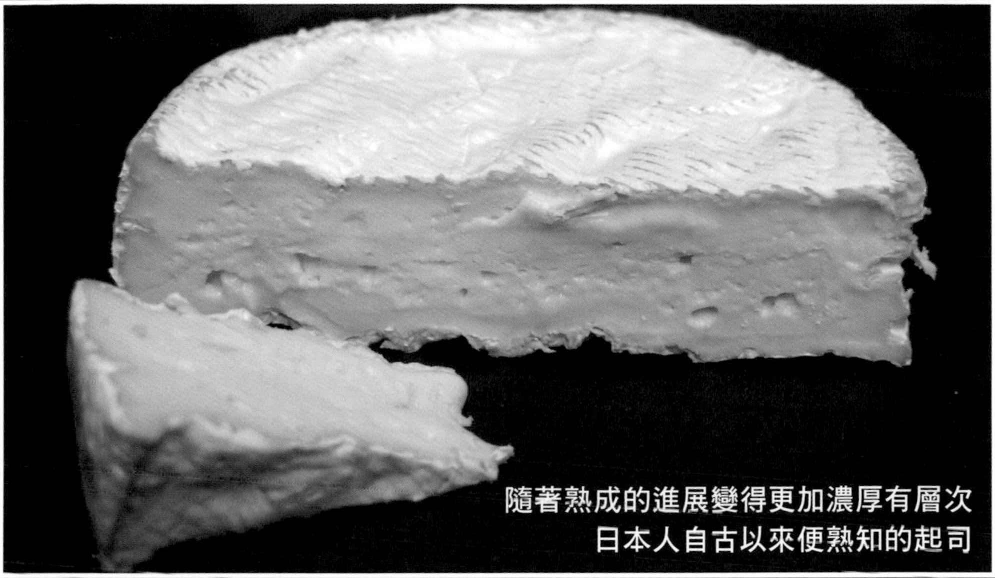

▲ 無殺菌乳品製的庫洛米耶起司，也被稱為莫城布利起司的弟弟。
▼ 在裸麥麵包放上切片的庫洛米耶起司與無花果。

□FRESH CHEESE □PASTA FILATA ✓WHITE CHEESE □WASH CHEESE □CHÈVRE CHEESE □BLUE CHEESE □SEMI HARD & HARD CHEESE

庫洛米耶起司是「布利二兄弟」老么，誕生於巴黎郊外的庫洛米耶小鎮。原本就是布利起司產地的這個小鎮，因每週日會舉辦早市並聚集各式各樣的布利起司而聞名。

沒有被 AOC 認證的庫洛米耶起司，可以分為殺菌乳製品與無殺菌乳製品。用殺菌乳製作的庫洛米耶起司，味道樸實、沒有特殊異味，適合不喜歡白黴起司獨特風味的人。

另一方面，使用無殺菌乳製作的庫洛米耶起司，則帶有濃厚的層次與樹木果實般的迷人香氣。殺菌乳製作的庫洛米耶起司較為常見，但若想品嚐濃郁而有層次的口感，一定要選擇無殺菌乳的製品。

CHEESE DATA

原產地	法國北部
原食材	牛奶
尺　寸	直徑12.5～15cm、高度3～4cm、重量400～500g
風　味	濃郁層次與樹木果實般的香氣
吃　法	直接品嚐、搭配有水果的麵包
搭配飲品	紅葡萄酒

查爾斯起司

法國

CHAOURCE

▲花費至少 24 小時緩慢凝固製成的查爾斯起司。

查爾斯起司原產自法國東北部的香檳地區，於十二世紀時誕生於熙篤會的蓬蒂尼修道院，歷史非常悠久。

使用無殺菌乳的農家製的查爾斯起司，具有絲絨般的外皮、內層紋理細緻、入口即化的口感，並帶有輕微的酸味與堅果香。查爾斯起司的標籤使用貓與熊做為設計，這是模仿查爾斯小鎮的紋章。雖然拼法不同，但「CHA」為貓、「OURCE」為熊的意思。

與同為香檳區產出的香檳與夏布利的搭配性非常出色，冰鎮後再品嚐更美味。

▲查爾斯起司與香檳是最棒的結合。與同產地的夏布利也非常對味。

CHEESE DATA

原產地　法國北部　原食材　牛奶

尺寸（大型）　直徑11～11.5cm、重量約450～700g

風味　味道芳香與輕微酸味的奶香

吃法　直接品嚐、放於法式長棍麵包上

搭配飲品　香檳、白葡萄酒、粉紅葡萄酒

納沙泰爾起司

法國

NEUCHATEL

最受歡迎的情人節禮物
與紅葡萄酒搭配性出色的起司

▲以心形最為知名，但也有正方形、磚形與圓筒形的納沙泰爾起司。

▼將納沙泰爾起司與胡桃以派皮包起的法式奶油酥盒（Vol au vent）。

納沙泰爾起司始於十一世紀，是諾曼第區域最古老的起司。相傳於十四至十五世紀百年戰爭發生時，納沙泰爾村落的一名女子與敵營的英國士兵墜入了愛河，便將這個起司做成愛心的形狀贈送給士兵。

由於納沙泰爾起司在製作過程中有加鹽，因此與它可愛的外型相反，具有強烈的味道。但近幾年隨著少「鹽」的流行，味道也變得圓潤。稍微進行熟成且留有一點點中心的狀態最為美味。

納沙泰爾起司有著各式各樣的形狀，最具代表性的就是愛心形狀的可爾德訥沙泰勒起司（COEUR DE NEUFCHATEL）。原文COEUR為「心形」的意思。

CHEESE DATA

原產地	法國西部
原食材	牛奶
尺　寸	有6種形狀
風　味	強烈的鹹味與菇類般的香氣
吃　法	直接品嚐、搭配胡桃或葡萄乾的麵包
搭配飲品	果香馥郁的紅葡萄酒

□FRESH CHEESE □PASTA FILATA ☑WHITE CHEESE □WASH CHEESE □CHÈVRE CHEESE □BLUE CHEESE □SEMI HARD & HARD CHEESE

莫倫布利起司

法國

BRIE DE MULAN

熟成後其綿密的層次與香味更加強烈
世界知名的白黴起司

▲欲知熟成起司的魅力所在，就一定要試試莫倫布利起司。

莫倫布利起司與其他的白黴起司相比，需要更長的時間來進行凝乳與熟成。表皮為白黴中混雜著紅褐色，內層帶有黏性、鹹味強烈。帶有淡淡菇類與稻草混和的果物（Fruité）芳香，是具個性香氣與柔軟口感的起司，成功擄獲不少老饕的心。但由於生產過程非常耗時，因此產量也很少。

由於其味道強烈，建議不要搭配其他食材，準備一杯葡萄酒直接品嚐即為最佳吃法。熟成前期適合搭配有層次的白葡萄酒，完整熟成後則推薦味道強烈、果香馥郁的紅葡萄酒。

▲花費時間進行熟成的莫倫布利起司。

CHEESE DATA

原產地　法國中部

原食材　牛奶

尺　寸　直徑27～28cm、重量約1.5～1.8kg

風　　味　口感滑順、強烈鹹味

吃　　法　直接品嚐

搭配飲品　有澀味的紅葡萄酒、層次豐富的白葡萄酒

＊Fruité：因牛、羊及山羊食用花草造成的乳品香氣。

布里亞薩瓦蘭起司

法國

BRILLAT SAVARIN

▲布里亞薩瓦蘭起司於 2017 年 1 月取得 IGP。覆蓋著軟綿綿的白黴，擄獲了入門者與老饕的味蕾。

▼起司蛋糕般的布里亞薩瓦蘭起司，可以放上大量水果與果醬品嚐。

口感味道就像是起司蛋糕的布里亞薩瓦蘭起司，是諾曼第區域原產。一八九〇年，由居住在福爾日萊索近郊的杜布克一家開始製作，到了一九三〇年時，巴黎的起司商亨利．安德魯埃（Henri Androuët），以因著作《美味禮讚》（*Physiologie du Goût*）而聲名大噪的美食家布里亞．薩瓦蘭的名字，為這款起司命名。

在牛奶中加入鮮奶油，被稱為 triple-cream 的種類，其脂肪含量高，具有像是濃郁奶油般的滋味。也帶有些微的酸味，像是入口即化般的口感為特徵。大約在二十年前還是以新鮮種類為常見，現在則是以覆蓋著軟綿綿的白黴的熟成（Affine）布里亞薩瓦蘭起司為主流。

CHEESE DATA

原產地	法國西北部
原食材	牛奶
尺　寸	直徑12～13cm、高度3.5～4cm、重量500g
風　味	滑順的口感、濃厚的層次與奶香味、些微的酸味
吃　法	直接品嚐、搭配水果或果醬
搭配飲品	香檳、咖啡、紅茶

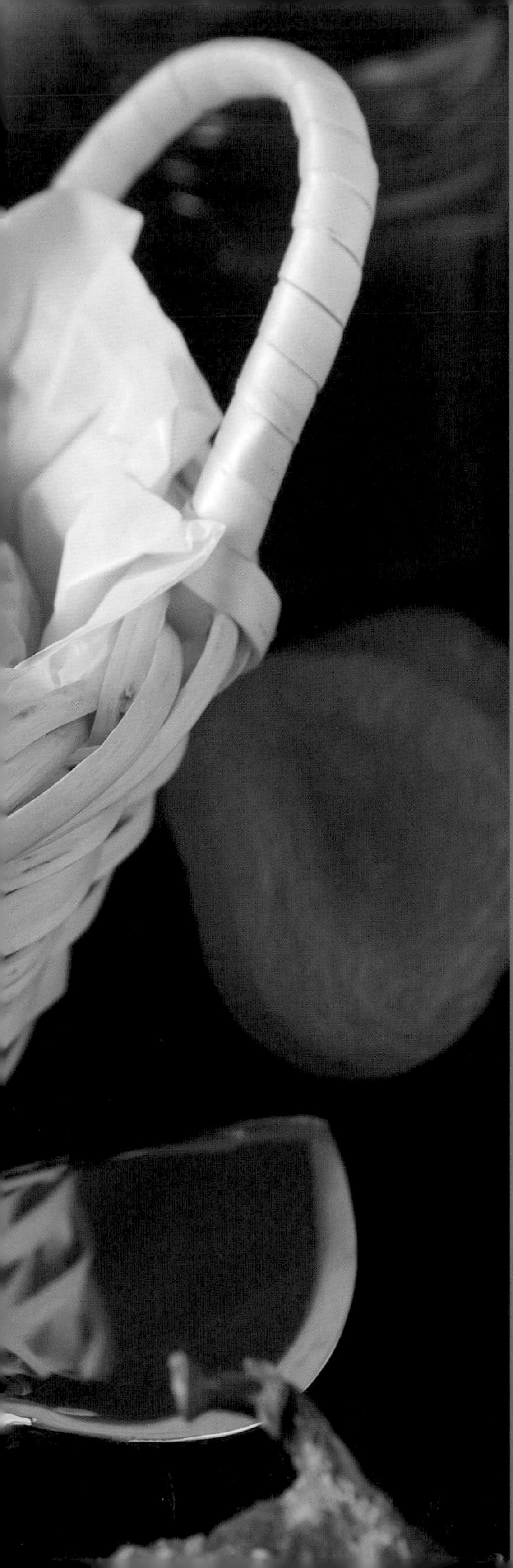

擦洗式起司

WASH CHEESE

在熟成中以鹽水或酒洗刷表皮，
以此製程命名的擦洗式起司。
此款起司大多具有
獨特個性的風味與氣味，
內層的味道非常圓潤順口，
讓許多人一吃就上癮。

MARIAGE
美味的組合

FRUIT

搭配西洋梨、葡萄、奇異果與堅果。選擇西洋芹或菊苣等生菜沾裹著品嚐也很美味。

BREAD

與硬式且帶點酸味的裸麥麵包很對味。加入葛縷子或孜然等辛香料的裸麥麵包，能夠讓香味變得緩和。

WINE

富有層次的擦洗式起司與勃艮第及波爾多等有層次的紅葡萄酒非常合拍。與酒體飽滿的白葡萄酒的相合性也很棒。

以中央凹陷為特徵的朗格勒起司（Langres）。

被稱為「起司之王」
擦洗式起司最為巔峰的濃厚香氣與美味

法國

艾帕瓦斯起司

EPOISSES

▲表面的光澤會隨著熟成的進展增加，內餡柔軟的程度甚至可以用湯匙舀起。

CHEESE DATA

原產地 法國東部

原食材 牛奶

尺　寸（大型） 直徑16.5～19cm、高度3～4.5cm、重量700g～1.1kg

風　味 表皮帶有強烈的氣味，內餡則是濃郁的牛奶甜味

吃　法 直接品嚐、當作點心

搭配飲品 紅葡萄酒、香檳、日本酒

勃艮第區：第戎

放眼望去盡是葡萄園與綿延不斷的平緩丘陵的勃艮第區，與波爾多同為知名的葡萄酒產地。除了盛產世界知名的紅葡萄酒，也能享受到法國最高級的夏洛來牛與法國蝸牛等豐富美食，是這個地方的一大魅力。位於勃艮第中心的都市第戎，擁有勃艮第公爵宮與第戎主教座堂等眾多文化財產，被指定為歷史保存地區。

被稱為「第戎芥末醬」的傳統芥末醬名聞遐邇，法國國內半數的芥末醬皆為第戎所生產。

▶勃艮第公爵宮。

被十七世紀的美食家布里亞—薩瓦蘭讚許為「起司之王」，拿破崙也情有獨鍾，因而聞名的艾帕瓦斯起司，在十六世紀開端，由勃艮第地區的艾帕瓦斯村落裡的熙篤會修道士開始製作，其獨特氣味甚至被譬喻為「神足的味道」。

二十世紀時，這個村落在二次世界大戰中慘遭嚴重的破壞，到了一九五〇年代，生產艾帕瓦斯起司的農家銳減至僅剩二家，陷入即將滅絕的危機。就在這個關鍵時刻，艾帕瓦斯起司在Berthaut起司廠首任廠長Robert Berthaut的努力，得以成功復活。

▲Berthaut起司廠坐落的艾帕瓦斯村的艾帕瓦斯村城。

艾帕瓦斯起司是由以榨取後的葡萄殘渣進行蒸餾、製成的一種名為Eau-de-vie de marc的白蘭地混和鹽水洗刷起司表面，同時進行為期四周左右的熟成製成的起司。在熟成期間，渣釀（marc）白蘭地的濃度漸漸提高，濃縮了風味與鮮味，內層也變得柔軟，熟成後甚至可以直接用湯匙挖取。表皮經過多次的洗刷，一點一點地變化成橘色。除了勃艮地產的葡萄酒，也很推薦搭配日本酒品嚐。

使用起司的料理

質地非常柔軟的艾帕瓦斯起司，可以挖取軟綿的內餡享用。直接品嚐其濃郁的奶香與甜味是最棒的吃法。在法國也會搭配放入大量辛香料的「香料麵包」（Pain d'épices），或是在切片的鄉村麵包或法式長棍麵包放上滿滿的起司，稍微烤一下又是不同的美味體驗。

▲抹上艾帕瓦斯起司並撒上百里香的鄉村麵包（Pain de campagne）。◀包入起司，煎得焦脆的蕎麥粉法式薄餅（Galette）。

相傳為諾曼第區域最古老
香氣樸實、口感滑順的起司

龐特伊維克起司

法國

PONT-L'EVEQUE

▲帶有Q嫩彈性的龐特伊維克起司。表皮帶點硬度，因此也可以去除表皮再食用。

CHEESE DATA

原產地　法國西部

原食材　牛奶

尺　寸　有4種形狀

風　味　口感滑順且層次豐富的牛奶風味

吃　法　直接品嚐、搭麵包、做焗烤

搭配飲品　層次豐富的紅葡萄酒或是蘋果酒

食材恩惠滿載的諾曼第地區

諾曼第為面接英吉利海峽的法國西北部區域。位處西側的聖馬洛海灣有著被稱為「西方奇蹟」的聖米歇爾山修道院，眾多的觀光客從世界各地前來造訪。溫暖的氣候益於牧草生長，因此酪農業興盛，牛肉及酪農產品生產量占法國的25%。

蘋果為原料製的發泡酒蘋果酒與蒸餾酒卡巴度斯蘋果白蘭地為名聞遐邇的特產品，也有舌鰨魚、帆立貝、淡菜及牡蠣等特產。尤其以白湯醬（諾曼第醬）調味的淡菜更是絕品美食。

▶諾曼第的海鮮。

這款起司據說為諾曼第最古老、具有悠久歷史與傳統的起司。以四方形為特徵，包含正方形與長方形共有四種形狀。十二世紀時，面接英吉利海峽的多維爾小鎮，鎮裡的修道院所誕生的起司ANGELO，為龐特伊維克起司的原型。在當時的里伐羅特起司（Livarot）也稱為ANGELO，但後來便各自發展為不同的起司。會演變成為現今的稱呼，要追溯至十五世紀時，人們改以生產量眾多的龐特伊維克村落為此命名。而龐特伊維克具有「主教的橋樑」的意思。

AOP並沒有嚴格規定洗刷起司的方式，因此不同生產者的製品香氣皆會有微妙的差別。因此可以隨自己喜好找尋喜歡的龐特伊維克起司。

由於經過鹽水的洗刷，表皮雖有味道，但內層柔滑、味道圓潤，從熟成初期到完熟階段都有不同的風味。二十世紀後半起，傾向製作容易入口的順口型起司，特別是熟成期較短的製品，鹽分及氣味都較淡，適合入門者食用。眷戀強烈風味的懷舊人士，可以找尋農家製的產品。

▲法國的酪農場。

使用起司的料理

在鮭魚上方鋪上滿滿的龐特伊維克起司，放入烤箱烘烤就很美味。也非常推薦與菠菜和培根搭配，一起做成焗烤料理。

帶有適度的鹹味，簡單切塊直接品嚐當然也可以，或是放在麵包上做成三明治也很好吃。也可以做成簡單的起司派或配料豐富的法式鹹派。

▲此款起司與魚料理非常對味，尤其推薦焗烤鮭魚馬鈴薯等料理。◀使用龐特伊維克起司製作的起司派。

帶有奶香味的柔和風味
義大利代表性的擦洗式起司

塔雷吉歐起司

義大利

TALEGGIO

▲為了更有效率的在山岳地形搬運，而塑形成少見的正方形。

CHEESE DATA

原產地　義大利北部

原食材　牛奶

尺　寸　高度4～7cm、重量1.7～2.2kg

風　　味　輕度的酸味與滑順的口感

吃　　法　直接品嚐、塗抹於麵包、製作燉飯等

搭配飲品　辛口的白葡萄酒、紅葡萄酒、辛口的日本酒

夢幻的中世紀街道：貝加莫

塔雷吉歐起司來自倫巴底大區的貝加莫小鎮。身為市中心的貝加莫被譽為倫巴底大區最美麗的街道，貝加莫阿爾塔（舊市街）的聖母大殿及科萊奧尼禮拜堂等景點目不暇給。據說法國作曲家德布西以貝加莫的美麗景緻為靈感，譜出《貝加馬斯克組曲》。其中的《月光》至今仍備受世人喜愛。

從米蘭搭乘火車或巴士約 1 小時就能造訪這座城市，因此也很推薦做為從米蘭出發的一日遊景點。

▶貝加莫的街道。

塔雷吉歐起司的名字來自製造地義大利北部的塔雷吉歐河谷。十世紀時，在作為放牧中繼地點的塔雷吉歐河谷，從結束夏季放牧南遷的牛群榨取乳汁，製作成各式各樣的起司。這些起司全部總稱為「利古里亞經典起司」（Stracchino）意指「辛苦了」。塔雷吉歐起司也曾是利古里亞經典起司的一種。在進入二十世紀後，塔雷吉歐起司脫穎而出，獲得廣大人氣，生產地也隨之擴大。現在也有很多是在倫巴底區南部的平地製作。

▲塔雷吉歐河谷的夏季放牧地，牛群舒服地吃草。

在眾多擦洗式起司中，塔雷吉歐的香氣中偏溫和，再加上口感彈嫩的內餡與濃郁的奶香，推薦給擦洗式起司的入門者。它帶有淡淡的酸味，可以直接品嚐，或是做成料理也很美味。於夏季放牧地製作的Taleggio D'alpeggio，組織非常緊緻，比起擦洗式起司，質地更接近硬質起司。帶有奶香味的風味很特殊，若有機會造訪當地絕對要親自品嚐。

使用起司的料理

倫巴底地區的傳統燉飯就是使用塔雷吉歐起司。圓筒狀的加乃隆義大利麵做成像千層麵的料理，在加乃龍義大利麵中塞入雷塔吉歐起司與絞肉，淋上番茄醬與義式白醬放入烤箱加熱即完成。以白肉魚替代絞肉也很美味。

▲塔雷吉歐起司與蘆筍的燉飯。◀加入塔雷吉歐起司的加乃龍義大利麵，大人小孩都喜歡。

擦洗式起司中氣味較刺鼻的一種
由修道士製作的起司

法國

莫恩斯特起司

MUNSTER

▲人氣滿點的農家製莫恩斯特起司，相對於強烈氣味，其味道柔和並帶有甜味。

CHEESE DATA

原產地	法國東北部
原食材	牛奶
尺　寸（大型）	直徑13～19cm、高度2.4～8cm、重量450g以上
風　味	帶有個性的香氣、彈嫩滑順的口感
吃　法	直接品嚐、淋上蜂蜜、放在煮熟的馬鈴薯上
搭配飲品	白葡萄酒、啤酒

以修道院為中心發展的莫恩斯特起司

在孚日山脈的東側，位於高原地帶的莫恩斯特，以660年時建造的本篤會修道院、莫恩斯特修道院為中心發展。但是，因為戰爭及長年的風化作用使得修道院的建築物荒廢，現在只剩本篤會修道院的哥德式大門等一部分殘存。

以前為高位聖職者的居住地的建築物，1940～1988年間作為軍事醫院使用，現在則成為孚日山地區自然公園的管理事務所與資料館。

▶莫恩斯特的山谷。

七世紀時，法國東部與德國國界緊鄰的亞爾薩斯，莫恩斯特山谷的修道士開始放牧牛隻，並嘗試用牛奶製作起司——這被當作莫恩斯特起司的開端，名字也以意指修道院的「monastère」變化而來。

時至今日，莫恩斯特起司在隔著孚日山脈的洛林區也有製作。孚日山脈的山麓，有著幾間製作莫恩斯特起司的農場客棧。夏天還可以住宿。雖然數量不多，但應該可以看到體型較小的孚日牛（vosgiennes cow）。在日本的農家自製莫恩斯特起司的衛生管理很困難，是極為少見的稀少製品。

▲高人氣的小村落，里屈埃維（Riquewihr）。

熟成的莫恩斯特起司表皮呈現淡淡的橘色，且口感綿密。雖然具有獨特的強烈氣味但味道柔和，口感滑順，可以品嚐到富有層次的甜味。將莫恩斯特鋪上水煮帶皮馬鈴薯就成了奶油馬鈴薯風料理，或也可淋上蜂蜜當成甜點食用。與喝起來爽口的辛口的白葡萄酒、啤酒都很對味。

使用起司的料理

在水煮馬鈴薯加入莫恩斯特起司、培根與青蔥，再放入烤箱加熱即完成的簡單料理。趁著熱呼呼的狀態，與冰得透涼的白葡萄酒一起吃就是最棒的享受。

莫恩斯特起司除了適合搭胡椒或孜然等辛香料，與蜂蜜的搭配性也很好。能夠緩和起司獨特的味道，變得更容易入口。特別推薦使用滋味濃郁的蜂蜜。

▲培根與馬鈴薯的起司焗烤。◀亞爾薩斯的美食料理，火焰薄餅（Tarte flambée）。加入莫恩斯特起司的火焰薄餅相當受起司老饕歡迎。

里伐羅特起司

法國

LIVAROT

緊緻有彈力、強烈香氣與濃厚味道
暱稱「上校」的擦洗式起司

▲理伐羅特起司從前大多以紙製的膠帶捲起，後因蘆葦具有淨化水的作用而改良更換。

被列為「諾曼第三大起司」之一的里伐羅特起司，是個具有強烈個性的起司。為了起司防止熟成時外型崩壞而包裹的蘆葦葉子，已成為獨特標誌；又因造形酷似於法國陸軍上校的階級章，因此給予「上校」（colonel）的暱稱。費工的捲帶作業與獨特的香氣，生產量非常少。

濕潤綿密與濃郁的口感為其特徵，可以品嚐到成熟水果般的豐富餘韻。不過現在以香氣較淡的製品較多，入門者只要將表皮去除就能輕易入口。

先用鹽水洗刷，再用蘋果白蘭地洗刷製成的 Grain Calvados 也很受歡迎。

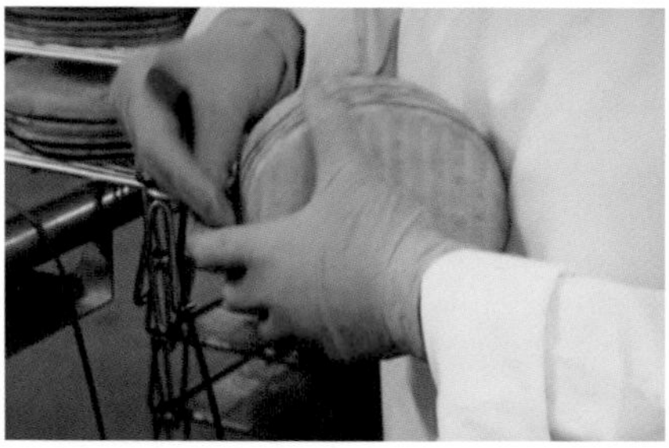

▲繞上帶子的作業全為手工製作（攝於 GRAINDORGE 起司廠）。

CHEESE DATA

原產地　法國西部

原食材　牛奶　尺寸　4種形狀

風　味　口感彈嫩且滑順富有層次的奶香味，表皮散發強烈的香氣

吃　法　直接品嚐、放在麵包上

搭配飲品　紅葡萄酒、蘋果白蘭地、蘋果酒

朗格勒起司

法國

LANGRES

濕潤綿密的口感與強烈的香氣
海膽般的濃厚味道

▲搭配果乾、蜂蜜或果醬一起品嚐非常美味。
▼被城牆圍起的城鎮，朗格勒。

十七世紀位於香檳地區的古老要塞都市朗格勒製作的擦洗式起司。以表面被稱為「噴泉」（fontaine）的凹陷紋理為特徵，這是因為以前在起司熟成期間忘了翻轉起司而形成的模樣。

味道綿密濃厚，像是在舌尖上化開的口感為特徵，在熟成初期與香檳非常對味。經過熟成後，表皮內側會變得柔軟融化，風味變得強烈。想要享受與葡萄酒的搭配的話，就選擇稍微熟成的種類。在凹陷紋理處注入勃艮第或香檳區的渣釀白蘭地增添風味，擴展品嚐的樂趣。

CHEESE DATA

原產地	法國東北部
原食材	牛奶
尺　寸	3種形狀
風　味	帶有鹹味、濃郁又柔和的口感
吃　法	直接品嚐、塗於法式長棍麵包
搭配飲品	香檳、紅葡萄酒、白葡萄酒

馬魯瓦耶起司

法國

MAROILLES

歷代的法國皇帝們都喜歡
具有強烈氣味的起司

▲經過加熱後，獨特的特殊味道與氣味都會變得圓潤，鮮美味會增加的馬魯瓦耶起司。有 4 種尺寸。

法國昂蒂耶拉什區的馬魯瓦耶村落的修道院為製作開端，已有一千年以上的歷史。馬魯瓦耶起司共有四種尺寸，四分之三為Sorbais、四分之二為Mignon、四分之一為Quart，每一個都有各自的暱稱。

表皮經過多次的鹽水洗刷，在熟成過程中慢慢變化成偏紅的褐色；以前是由於長期置於地底下的儲藏庫的酵素所致，現在則是添加紅色色素。

在當地，馬魯瓦耶起司派非常受歡迎。在派皮放上魯瓦耶起司並倒入鮮奶油與蛋，使用烤箱加熱即完成。

▲魯瓦耶起司所誕生的魯瓦耶修道院。

CHEESE DATA

原產地	法國北部
原食材	牛奶
尺寸	4種形狀
風味	強烈香氣與濃厚的深度滋味
吃法	用烤箱加熱
搭配飲品	啤酒、果香馥郁的紅葡萄酒

維薛亨蒙多爾起司

AOP 瑞士

VACHERIN MONT D'OR

一年二次，生產於氣溫低的時期
季節限定的起司

▲不論有無白黴生成皆無害，因此也會直接以這種狀態出貨。
▼九月底舉行慶祝解禁的節慶時，銷量飛快。

與法國的蒙多爾起司具有相同歷史的維薛亨蒙多爾起司。十八世紀時，於法國與瑞士的國界附近的侏羅山脈高地開始製作。

法國製品以無殺菌乳品為原料，而瑞士製品則使用殺菌乳品。雖然使用殺菌乳，製造則是遵循傳統，由熟成專業工匠細心的多次洗刷表皮。因此瑞士製品的表皮散發橘色的光輝，可以連皮食用。

維薛亨蒙多爾為季節限定的起司，每年八月十五日至隔年的三月十五日為生產期。販售期間的九月的第三個或第四個週末，會舉行維薛亨蒙多爾起司的解禁慶典。

CHEESE DATA

原產地	瑞士／佛德州
原食材	牛奶
尺　寸	直徑10～32cm、高度3～5cm、重量260g～3kg（有4種形狀）
風　味	濃厚的層次、表面帶有芬芳的樹木香氣
吃　法	直接品嚐、以烤箱加熱做成起司鍋式料理
搭配飲品	輕盈的白葡萄酒

羊奶起司

CHÈVRE CHEESE

使用山羊奶製成的羊奶起司
其歷史比牛奶製的更為悠久，
甚至可以說是起司的始祖。
山羊特有的特殊味道與酸味，
隨著熟成的進行風味會更加強烈。

MARIAGE
美味的組合

FRUIT

新鮮的類型，與無花果、葡萄、果乾及果醬等很對味。熟成的羊奶起司與堅果等搭配性很好。

BREAD

除了法式長棍、全粒麥、燕麥的麵包，也可以搭布里歐許麵包。與加入無花果的法式鄉村麵包的搭配性也很棒。

WINE

與各種紅、白、粉紅酒的搭配性都很好，與辛口的白葡萄酒很對味。熟成較短的羊奶起司，適合配上帶有酸味的清爽酒款。

隨著熟成程度的不同，味道會有巨大變化的克勞汀·德·查維格諾爾起司（Crottin de Chavignol）。

橫跨春天與夏天都能品嚐的清爽風味
棒狀的羊奶起司

法國

聖莫爾德圖蘭起司

SAINTE-MAIRE DE TOURAINE

▲外型特殊而讓人印象深刻的羊奶起司，會隨著熟成而緊縮。

CHEESE DATA

原產地	法國中部
原食材	山羊奶
尺寸	直徑4.5～5.5cm、長度16～18cm、重量約250g
風味	清爽的酸味與豐富奶香味、帶有榛果的香氣
吃法	直接品嚐、放麵包上、加入沙拉
搭配飲品	同鄉的葡萄酒、辛口的白葡萄酒、果香馥郁的紅葡萄酒

法國的庭園：圖爾

在巡覽羅亞爾河谷殘存的少數古城堡時，其玄關口就是圖爾（Tours）的城市。美麗程度被稱讚為「法國的庭園」的舊市街，有著古老的鐘塔與羅曼式建築的教堂，可以感受到歷史的樂趣。從圖爾驅車往南約 30 分鐘，就是成為起司名稱由來的小鎮，聖莫爾德圖蘭。

這個小鎮在每年 6 月的第一個周末，會舉行節慶以及羊奶起司的評比賽。當天除了起司，也有火腿及蜂蜜等其他特產品的商店出展，每年都吸引眾多的人前往參與。

▶圖爾城鎮與羅亞爾河。

於法國中西部的羅亞爾地區製作的棍型羊奶起司。被稱為「法國的庭園」都蘭區的聖莫爾高原為名字的由來。製作始於八世紀，自從被AOC認證後，生產量便急速攀升。

起司側面的灰色部分是為了中和酸味及拉長保存期，而灑上黑色的木炭粉與鹽。穿過中心的棒狀物為裸麥麥稈，可以支撐容易崩塌的起司，並增強通風，這些麥稈是由殘疾人士所生產。將採收的麥稈進行殺菌乾燥，再用微波加熱，上面會刻印有生產者編號。將麥稈拔出可以當作切刀切起司。

▲聖莫爾的城鎮。6月的第一個週末會有眾多的人前往造訪。

熟成期約十天的聖莫爾德圖蘭起司，非常柔軟、酸味強烈。隨著熟成的演進會變成灰色，味道上濃郁的鮮美味也會增加，可以享受到像是榛果般豐富的香氣。建議試著搭配羅亞爾河流域的葡萄酒一起品嚐。與蜂蜜及果醬的搭配性也很棒。

使用起司的料理

個性強烈的羊奶起司經過加熱後，綿密度就會提升、味道變得柔和而容易入口。輪狀薄切片的聖莫爾德圖蘭起司放在披薩上，或是將稍微以烤箱加熱過的起司當作沙拉的配料也很美味。

沙拉料理是，撒上與羊奶起司搭配性很好的水果乾與堅果，品嚐味道的和諧交織。

▲簡單切片、灑上胡桃，再淋上蜂蜜就很美味。◀大量使用聖莫爾德圖蘭起司製作的前菜。

外表與味道隨著熟成的進展也會進行變化
羅亞爾地區的小型起司

法國

克勞汀・德・查維格諾爾起司

CROTTIN DE CHAVIGNOL

▲隨著熟成的進展覆蓋上黴斑，生長出的黴斑帶有蕈類的香氣。

CHEESE DATA

原產地　法國中部

原食材　山羊奶

尺　寸　重量60~90g

風　味　熟成初期帶有酸味與鬆軟的口感。經過熟成後的滋味更具層次、帶有蕈菇般的香氣。

吃　法　直接品嚐、稍微加熱，或是加入沙拉

搭配飲品　辛口的白葡萄酒、酒體輕盈的紅葡萄酒

查維格諾爾村與桑塞爾

從法國中部的查維格諾爾村往東側眺望，可以看見葡萄園廣布的小高丘的上的小小的桑塞爾的城鎮。緊鄰羅亞爾河，以辛口白葡萄酒產地聞名的的桑塞爾，在百年戰爭時擔任著要塞的重要角色。現今也存有多數的歷史建築物，可以體驗到當時的氛圍。

桑賽爾城鎮中並列著葡萄酒博物館或酒窖等，多數葡萄酒的相關設施。在旺季時前來試飲或參觀的人非常多，因此想要悠閒慢慢逛的話，則較推薦查維格諾爾的酒窖。

▶桑塞爾的葡萄園。

位於巴黎南方的小村落，於查維格諾爾原產的克勞汀・德・查維格諾爾起司。關於名字的由來有諸多說法，在以前，製作這個起司時使用的陶器製模型，與被稱為Clotte的素燒燈具非常相似，因此以Crottin為之命名。另一說法是，經過數個月放置的起司會覆蓋上黑色的黴斑，其景象與Crottin（法文中意指「馬糞」）非常相像，而有了「查維格諾爾的小顆馬糞」稱呼。

▲用麥稈覆蓋以催生黴斑。當地人將此狀態稱為「查維格諾爾」。

新鮮克勞汀起司大約經歷二週的熟成即可食用，長出細紋的白色表皮與帶有酸味的柔軟口感為其特徵。經過熟成的製品會附著上綠色與灰色的黴斑，漸漸緊縮變得堅硬，形成濃厚有層次的味道。日本市場偏好未附著黴斑的新鮮克勞汀起司，但在原產地，則是熟成的種類獲壓倒性的歡迎。放入專用的容器中，再用烤箱加熱做成溫起司（Crottin Chaud）料理，就變成圓潤的味道。

使用起司的料理

經過加熱，香氣就會消失且變得容易入口，所以如果害怕山羊奶的味道，推薦使用烤箱料理。帶有酸味的克勞汀・德・查維格諾爾起司與有甜味的洋蔥，以及香氣十足的胡桃能做成絕妙的法式鹹派。

新鮮的克勞汀・德・查維格諾爾起司對半橫切放於長棍麵包上、烤箱加熱過的起司添加入沙拉中，就是小酒館的必備料理。

▲克勞汀・德・查維格諾爾起司、洋蔥、胡桃的法式鹹派。◀起司上灑滿麵包粉，烤至焦香也非常美味。

包覆著純白的柔軟外皮
綿密滑順的山羊起司

法國

查比丘・德・波特起司

CHABCHOU DU POITOU

▲以飼養於牧草地的山羊乳製作的查比丘・德・波特起司，外皮變緊緻縮起時就是最佳品嚐時機。

CHEESE DATA

原產地 法國中部

原食材 山羊奶

尺 寸 平均重量120g

風 味 口感厚實、清爽的酸味，熟成後變得辛辣

吃 法 與蜂蜜及莓果一起吃

搭配飲品 白葡萄酒、氣泡葡萄酒

歷史悠久的古城：普瓦捷

位處法國西部的普瓦捷，為高盧—羅馬時代作為都市連結巴黎與波爾多而繁榮的古城，以732年的圖爾戰役以及百年戰爭的舞台而聞名。

經歷過各式各樣歷史的普瓦捷，被指定為歷史建築的遺跡多達86處，保留著多數羅馬時代的遺跡。尤其是普瓦捷聖母大教堂被當作羅曼式藝術的珍貴財產，以舊約及新約聖書為概念製作的華麗雕刻頗負盛名。夏季每天晚上，在教堂的正面都會有點燈活動。

▶普瓦捷聖母大教堂。

查比丘·德·波特起司為圓筒狀，像是葡萄酒的木塞般的形狀。名字的原文來自阿拉伯語中，意指山羊的Chabichou變化而來。

法國的山羊奶起司源於八世紀發生在法蘭克王國與倭瑪亞王朝之間的圖爾戰役。

戰爭結束後，阿拉伯人將作為遠征食糧而攜帶的山羊，及負責製作起司的女性丟在當地便撤退。據說山羊奶起司的製法就是透過這些女性傳授給當地人。

▲脫模的階段。中央的「cdp」為查比丘·德·波特起司的原文縮寫。

查比丘起司也與其他的山羊奶起司相同，隨著熟成的進化變得堅固，因為水分散失而縮起硬化。

趁著表皮呈現純白的時候品嚐，能享受到清爽的酸味與絕妙的滋味，比起起司，幾乎更像是優格般的味道。當成熟後變得堅硬的同時，也非常脆弱容易崩塌，山羊奶特有的風味與鮮味也到達頂點。由於氣味與特殊味道都會變得非常強烈，配合甜味的蜂蜜與水果等一起體驗不同熟成階段的味道。

使用起司的料理

搭配新鮮的無花果做開胃小點或點心，與無花果獨特的甜味交織成令人上癮的美味。

使用查比丘·德·波特起司料理的烤西洋梨，非常推薦當作冬天的甜點。在半切對分的西洋梨中，放入查比丘·德·波特起司、撒上喜好的辛香料及堅果，淋上蜂蜜，接著只要放入烤箱加熱即可。與甜點酒非常對味的一道小點。

▲無花果、果醬、蘇打餅乾組合，查比丘·德·波特起司法式小點（canapé）。◀在烤過的西洋梨中加入查比丘·德·波特起司、蜂蜜、肉桂、胡桃與肉荳蔻做成時髦的小點。

瓦朗賽起司

法國

VALENCAY

橫切面閃耀著純白的光輝
鹹度、酸味都很溫醇的羊奶起司

▲整體覆蓋上青黴時就是最佳品嚐時機。可以吃到濃烈奶香與堅果般的香氣。

形狀獨特的瓦朗賽起司，為法國中部貝里區域的瓦朗賽村所生產的起司。

據說這款起司原本是像金字塔般的形狀，但遠征埃及失敗的拿破崙，在瓦朗賽村的大臣城中看到金字塔型的起司非常激動，便將上部切掉，成為瓦朗賽起司的形狀。

四周塗上的木炭粉能有效緩和山羊奶特有的酸味，使味道變得柔和。內層白皙、口感柔軟，而表面從木炭的黑色轉變成灰色，內層緊縮起來。熟成的每一階段都能體驗不同的風味，找尋自己喜好的時機也是一項樂趣。推薦搭配辛口的白葡萄酒一同品嚐。

▲蜂蜜漬堅果與西洋梨、瓦朗賽起司為配料的切片麵包（Tartine）。

CHEESE DATA

原產地　法國中部

原食材　山羊奶

尺　寸　高度7～8cm、重量約220g

風　味　熟成後會減少酸味、增加滋味與香氣

吃　法　直接品嚐、加進沙拉

搭配飲品　辛口的白葡萄酒

□FRESH CHEESE □PASTA FILATA □WHITE CHEESE □WASH CHEESE ☑CHÈVRE CHEESE □BLUE CHEESE □SEMI HARD & HARD CHEESE

法國

普利尼聖皮耶爾起司

POULIGNY-SAINT-PIERRE

淡淡的羊奶的香甜味與清爽的風味
有著「艾菲爾鐵塔」之稱的起司

▲經過熟成的表皮會纏繞上薄薄一層青黴帶點黑點，內裡緊縮。
▼熟成初期階段適合做成沙拉，可以搭配堅果及蘋果。

原產於法國中部貝里地區的小村落，普利尼聖皮耶爾。俐落的四角錐形狀，據說是以村中教會的鐘為發想，又以「艾菲爾鐵塔」的稱呼廣為人知。這款起司分成工廠製及農家製的商品，工廠製的起司會貼上紅色標籤，農家製品則貼上綠色的標籤以做區別。

熟成期短的起司質地厚實且紋理細緻，帶有優格般的酸味。由於減鹽製作所以山羊奶所特有的香氣也較為清淡，在羊奶起司之中屬於較為容易入口的種類。當熟成進展到表面覆上薄薄一層的青黴時，就會堆疊出甜美羊奶的層次。

CHEESE DATA

原產地	法國中部
原食材	山羊奶
尺　寸	高度12.5cm、重量約250g
風　　味	味道綿密帶有酸味
吃　　法	直接品嚐、抹在長棍麵包上
搭配飲品	辛口的白葡萄酒、酒體輕盈的紅葡萄酒

謝河畔瑟萊起司

法國

SELLES-SUR-CHER

羊奶起司的首顆AOC認證起司
可以品嚐到山羊奶原本甜味的柔和味道

▲表面廣布青色及灰色黴斑的起司，稍微乾一點的狀態為佳。

在羊奶起司中屬於形狀較為簡單的謝河畔瑟萊起司。八世紀開始在羅亞爾河支流的謝爾河（Cher）一帶製作。一九七五年時，成為首次被AOC所認證的羊奶起司。

熟成較短的謝河畔瑟萊起司，水分與酸味都較多，味道清爽。伴隨著熟成，表皮會變化成淺灰色，內裡保有扎實與滑順的口感。當表面鋪灑的木炭粉變得乾乾巴巴、呈現淺灰色時就是品嚐時機，這時酸味與鹹味便不那麼強烈，也可以品嚐到甜味。與同鄉的桑塞爾產的白葡萄酒的搭配性非常好。

▲謝河畔瑟萊起司與煎炒過的蘑菇放在麵包上，可當作搭配葡萄酒的小點。

CHEESE DATA

原產地　法國中部　原食材　山羊奶

尺　寸　直徑約9cm、高度約3cm、重量約150g

風　味　輕度的酸味與鹹味，柔和奶香的風味

吃　法　直接品嚐、搭配水果

搭配飲品　辛口的白葡萄酒

巴儂起司

法國

BANON

使用栗子葉細心包裹
普羅旺斯地區的融化型羊奶起司

▲葉子顏色呈現深褐色的類型較無澀味而很美味。
▼葉子的芳香會伴隨著熟成轉移至起司，變得黏稠又柔軟。

原產於南法普羅旺斯地區的巴儂起司，為同名的村落製作的山羊奶的起司。以前會以迷迭香或百里香這類的香草包覆等，每個家庭製作出各式各樣的製品，冬天時則使用便於儲藏的懸鈴木或葡萄的葉子包裹。十九世紀後，以栗子葉包裹的方式，成為現在的主流製法。

製作巴儂起司時，會使用醋或白蘭地殺菌過的栗子葉。以手工用葉子將起司包起，經過二周以上的熟成後，纏繞著芳醇的香氣、黏稠軟嫩的巴儂起司即完成。味道與其他羊奶起司相比的酸味較少，可以品嚐到羊奶的濃厚鮮美味。

CHEESE DATA

原產地	法國南部
原食材	山羊奶
尺　寸	直徑7.5～8.5cm、高度約2～3cm、重量90～110g
風　味	黏稠如酒粕般的風味
吃　法	直接品嚐、塗麵包、搭配水果
搭配飲品	辛口的白葡萄酒、紅葡萄酒

藍紋起司

BLUE CHEESE

具有特殊刺鼻味的藍紋起司
是在以牛奶或羊奶為原料的起司上
繁殖青黴而製成。
鹹味重，
與無鹽奶油及奶油起司混和，
味道就會變得圓融而容易入口。

MARIAGE
美味的組合

FRUIT

搭配西洋梨、麝香葡萄或巨峰葡萄等，起司的鹹與水果的甜得以在口中調和。尤其西洋梨與古岡佐拉起司更是最佳的組合。

BREAD

與帶有些微酸度的裸麥麵包、或像是核桃葡萄黑麥麵包（Seigle noix raisin）一類的葡萄乾麵包搭配性很好。

WINE

可以搭配味道甜美濃厚的白葡萄酒、或是富有層次的酒體飽和的紅葡萄酒。斯蒂爾頓藍起司與葡萄牙的波特酒的搭配組合最廣為人知。

味道較為圓潤順口的
佛姆．德．阿姆博特起司
（Fourme d'Ambert）。

征服英國皇室味蕾
易入口、味道沉穩的藍紋起司

斯蒂爾頓起司

英國

STILTON

▲混合著甜味與苦味的斯蒂爾頓起司。合格的藍紋起司的青黴紋路非常美麗。

CHEESE DATA

原產地　英國中部

原食材　牛奶

尺　寸　直徑20cm、高度25～30cm、重量8kg

風　味　強烈的刺鼻味，後味回甘的濃郁味道

吃　法　直接品嚐、沙拉、加進肉類料理

搭配飲品　波特酒、甜口的紅葡萄酒、威士忌

羅賓漢的小鎮：諾丁漢

距離倫敦約 1.5 小時火車車程的地方，就是工業城市諾丁漢。現在斯蒂爾頓起司以諾丁漢近郊的比弗谷的周圍為主要生產中心。

諾丁漢是以雪伍德森林及羅賓漢傳說的背景地而聞名的小鎮，諾丁漢城堡及羅賓漢博物館等，有很多值得一訪的景點。諾丁漢城堡有著據說是英國最古老的十字軍驛站的酒吧 Ye Olde Trip to Jerusalem，城堡地下相連的洞穴，現在則作為儲藏室使用中。

▶諾丁漢城堡中的羅賓漢雕像。

說是英國最具代表性的藍紋起司也不為過的斯蒂爾頓起司，與洛克福起司、古岡佐拉起司並列「世界三大藍紋起司」。水分含量低而鹹度較重，以蜂蜜般具層次的甜為其特徵。

成為名字由來的斯蒂爾頓村，為倫敦出發往北部的約克途中的中繼站。在一七五〇年時，於村莊中的旅宿 Bell Inn 販售給旅人，而使得斯蒂爾頓起司流傳開來。但如今村莊已不再生產斯蒂爾頓起司，僅有位於諾丁罕郡、萊斯特郡、德比郡的少數起司廠有資格製造。斯蒂爾頓起司是使用殺菌乳製造，而最近也有使用無殺菌乳製造，稱為斯蒂爾蒂爾頓的起司。

斯蒂爾頓起司適合搭配葡萄牙產的波特酒、雪莉酒或是富有層次的紅葡萄酒等帶有甜味的酒。另外，與威士忌或蘋果白蘭地的組合也很美味。

▲熟成中的斯蒂爾頓起司。為了注入空氣繁殖黴斑，而開著小小的孔。

使用起司的料理

在英國當地除了會將斯蒂爾頓起司當作點心食用，也會融入牛排料理享用。牛排上融化的斯蒂爾頓起司沾著肉品享用就是最棒的美味。特別推薦油脂較少的紅肉。

色彩繽紛的藍紋起司沙拉最適合在居家派對時端出。搭配味道特殊的生菜，增添了不輸斯蒂爾頓起司的風味，而恰到好處。

▲在剛出爐的牛排鋪上滿滿的斯蒂爾頓起司。

◀斯蒂爾頓起司搭配烤根菜與芝麻菜的沙拉。

溫和的「甜」（DOLCE）與刺激的「辣」（PICANTE）
兩種味道都很濃郁，非常易於入口

義大利

古岡佐拉起司

GORGONZOLA

▲義大利的藍紋起司，古岡佐拉起司帶有淡淡的甜味，非常親民。

CHEESE DATA

原產地　義大利北部

原食材　牛奶

尺　寸　大型10～13kg、中型9～12kg、小型6～8kg

風　　味　雖然鹹味較淡但具有刺激的辣味，口感滑順

吃　　法　直接品嚐、配麵包、溶入義大利麵醬、當淋醬

搭配飲品　甜口的白葡萄酒、紅葡萄酒

古城諾瓦拉

位於義大利西北部，皮埃蒙特區的諾瓦拉（Novara），現在則為古岡佐拉起司的主要生產地，有著各種大小規模的起司工廠。此為古羅馬時代建造的古城，歷史地區殘存著公元前1世紀時的要塞遺址。有著高度121公分巨大穹頂（Cupola）的聖高登扎奧大殿，為城鎮的標的物，無論從哪一個角度，都能欣賞到其美麗的外觀。

諾瓦拉除了古岡佐拉起司，也有生產一種稱為諾瓦拉米的稻米，造訪諾瓦拉時一定要品嚐古岡佐拉燉飯。

▶聖高登扎奧大殿。

屬於「世界三大藍紋起司」之一的古岡佐拉起司，以北義大利為主要生產地。原產自倫巴底區的古岡佐拉村莊，為了擴大生產而改至皮埃蒙特區的諾瓦拉的共同熟成庫中製作。

古岡佐拉起司的正式名字是 Stracchino di Gorgonzola，Stracchino 意指「疲累」。這款起司源自於九世紀的文化，當時人們將放牧至阿爾卑斯山的牛隻帶回山麓途中，在古岡佐拉村莊休息時，會從疲累的牛隻身上榨取牛奶並製成起司。

▲青黴量較少、味道溫和的 DOLCE，於戰後問世，歷史較為短暫。

古岡佐拉起司原本只有稱為 PICANTE 的種類，而青黴量較少、綿密順滑易入口的 DOLCE 在戰後才被開發出來，並大受歡迎。DOLCE 以濕潤綿密、帶點甜味的溫和味道為特徵，PICANTE 則是緊緻縮起狀，以青黴的辣味為特色。古岡佐拉起司大約有九成是 DOLCE，但 PICANTE 也有小部分的支持者。

使用起司的料理

古岡佐拉起司與蜂蜜、西洋梨及無花果的搭配性非常出色。在覆蓋著古岡佐拉起司的剛烤出爐的披薩淋上蜂蜜，其甜味與鹹味的平衡很絕妙。

風味強烈的 PICANTE 適合做成燉飯或義大利麵等料理，因為加熱能降低其強烈的特殊味道，害怕藍紋起司的人也能輕易入口；可以依照個人喜好試著一點一點地加入品嚐。

▲西洋梨搭配古岡佐拉起司的手作披薩，再淋上蜂蜜。◀加入古岡佐拉起司調味的南瓜燉飯。

青黴的刺激性與濃稠綿密的絕妙交織
羊奶製的世界三大藍紋起司

洛克福起司

法國

ROQUEFORT

▲又被稱作「青黴起司王者」的洛克福起司。製造期間為 12 月中旬～ 6 月底的半年期間。

CHEESE DATA

原產地　法國南部

原食材　羊奶

尺　寸　直19～20cm、
高度8.5～11.5cm、
重量2.5～3kg

風　　味　強烈的青黴風味與鹹味、羊奶的滑順層次滋味

吃　　法　直接品嚐、做成淋醬或沾醬

搭配飲品　甜口的白葡萄酒、酒體飽滿的紅葡萄酒

蘇宗爾河畔洛克福

法國南部，被大自然環抱著的南部—庇里牛斯區的阿韋龍省，為登錄「法國最美村莊」最多的地區。位於此區的蘇宗爾河畔洛克福（Roquefort-sur-Soulzon），是個人口不到 700 人的小村莊，村民大多從事起司的製造與販售，以生產洛克福起司而聞名。

康巴盧山（combalou）的山麓處有著進行洛克福熟成作業的天然岩洞，內部整年保持著適合熟成的溫度與濕度。起司商 Societe 的岩洞也開放予觀光客參觀及試吃。

▶阿韋龍省的村莊。

有著鮮明的青黴紋路的洛克福起司，是個歷史相當悠久的起司，其起源約為二千年前開始發展。當時的牧羊者將羊乳製的起司遺忘在康巴盧的石灰岩洞穴中，經過數個月後再次來到這個洞穴，便發現了覆滿青黴的起司。

時至今日，除非是在這個洞穴熟成的製品，否則都不能稱作洛克福起司，

▲於 Fleurine 的搖籃中逐漸熟成的洛克福起司。

因為洞穴內會流通著名為 Fleurine 的潮濕風，能夠讓洞穴長年維持在一定的濕度與溫度。只有在自然的洞穴中緩慢進行熟成，才能催生出美味的洛克福起司。

洛克福起司帶有刺激、強烈的濃郁味道，與羊奶特有的溫醇甜美交織成絕妙美味，備受全世界起司老饕的愛戴。直接品嚐就很美味，進一步淋上蜂蜜，再配上甜葡萄酒，就是一客甜蜜甜品。

使用起司的料理

將洛克福起司直接夾進漢堡的話，其辛辣的青黴風味與香氣能成為食物的亮點。

如果不喜歡洛克福起司的鹹度，與加熱的鮮奶油一起融合做成沾醬就成了溫和的味道。加了洛克福起司沾醬的法式鹹派，是道非常適合在早午餐或當葡萄酒下酒小點的料理。也可以依個人喜好加入菠菜、蘑菇及培根等餡料。

▲夾入洛克福起司的奢華牛肉漢堡。◀滿滿塗在裸麥麵包上、搭配開胃酒（Apéritif）品嚐。

佛姆・德・阿姆博特起司

法國

FOURME D'AMBERT

稱號為「高貴的藍紋起司」
豐富的青黴風味、口感綿密

▲雖然佈滿青黴，但佛姆・德・阿姆博特起司的味道柔和。

從藍紋起司入門者到常吃的人都非常喜歡的佛姆・德・阿姆博特起司。產自法國中部奧弗涅區的昂貝爾 Ambert 的這款起司，其拉丁語意思為「昂貝爾的起司」。

在生產地的森林山脈，一戶名為 Jasserie 的兼職酪農的農家，自古便製造著傳統的起司，而佛姆・德・阿姆博特起司也是其中的一項。

成品是具有高度的圓筒狀，水平切片就可以食用。表皮堅硬但內裡柔軟。濕潤濃稠的口感中帶有一點刺激的青黴辣味，是款會讓人上癮的起司。因為較易入口，因此具有與洛克福起司相當的人氣。

▲佛姆・德・阿姆博特起司與辣椒、大蒜調味的炙烤蘑菇。

CHEESE DATA

原產地　法國奧弗涅區　原食材　牛奶

尺　寸　直徑12.5～14cm、高度17～21cm、重量1.9～2.5kg

風　味　刺激性溫和、適度的鹹味

吃　法　直接品嚐、沙拉、搭配水果

搭配飲品　波特酒、果香馥郁的紅葡萄酒

□FRESH CHEESE □PASTA FILATA □WHITE CHEESE □WASH CHEESE □CHÈVRE CHEESE ✓BLUE CHEESE □SEMI HARD & HARD CHEESE

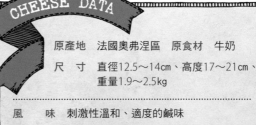

康寶佐拉起司

德國

CAMBOZOLA

擷取卡門貝爾起司與古岡佐拉起司的優點
備受眾人喜愛的藍紋起司

▲口感柔滑順口，非常適合入門者食用的藍紋起司。

▼在起司上疊上胡桃與蜂蜜搭配蘇打餅乾一起享用。或是搭配放有葡萄乾的麵包也很美味。

康寶佐拉起司是以卡門貝爾起司及古岡佐拉起司為原形製成，原產於德國巴伐利亞地區的起司。連名字也是以卡門貝爾起司與古岡佐拉起司組合而成。

這款起司的歷史非常淺短，誕生於一九七〇年代。將移植上青黴的凝乳集結成型，表面抹上白黴製作熟成的起司，其溫和的風味廣受歡迎，出口需求的產量急速增加。因為是在牛奶中加入鮮奶油製成，使得脂肪含量高達六十至七十％，口感非常柔軟，像是奶油般綿密。青黴特有的刺激味道不濃，就連害怕藍紋起司的人也會喜歡。

CHEESE DATA

原產地　德國

原食材　牛奶

尺　寸　直徑24cm、高度4cm、重量2.2kg

風　味　特殊的青黴較少且口感綿密

吃　法　直接品嚐、塗於長棍麵包上

搭配飲品　氣泡葡萄酒、白葡萄酒

丹麥藍紋起司

丹麥

DANABLU

重度的鹹味與強烈的味道
日本第一個進口的藍紋起司

▲丹麥藍紋起司廣銷世界各國，尤其是美國。

於二十世紀初以洛克福起司為基礎誕生的丹麥藍紋起司，最開始的名字是丹麥洛克福起司（Danish Roquefort），因法國提出抗議而改為丹麥藍紋起司（Danish Blue），Danishblu。

相對洛克福起司的原料是使用無殺菌的羊乳，丹麥藍紋起司則是以經殺菌的牛乳製作，而沒有洛克福起司那般特殊的味道，是一款具有鮮明的青黴的刺激性層次豐富的起司。

丹麥藍紋起司是第一個打入日本市場的藍紋起司，現在廣銷於全世界。

▲鹹味較重的丹麥藍紋起司很適合用來調配奶醬。

CHEESE DATA

原產地	丹麥
原食材	牛奶
尺　寸	直徑20cm、重量3kg
風　味	青黴的鮮明辣味與鹹味
吃　法	直接品嚐、融入義大利麵、披薩等
搭配飲品	富有層次的紅葡萄酒

瓦爾德翁起司

西班牙

QUESO DE VALDEON

刺激性較低、口感綿密很親民
以楓葉包裹的西班牙的藍紋起司

▲濕潤綿密的口感與富有層次的味道為特徵。
▼西班牙藍紋起司與生火腿、無花果做的普切塔（Bruschetta）開胃菜。

瓦爾德翁起司為西班牙北部雷昂省，被歐羅巴山圍繞的深谷所生產的藍紋起司。使用當地採取的鹽，將楓葉浸漬於鹽水，再包裹於起司為特徵。

雖然是以西班牙代表性的藍紋起司，卡伯瑞斯起司（Cabrales）為原型製作，但其風味相當不同。卡伯瑞斯起司帶有青黴獨特的強烈辛辣刺激感、口感細碎，而瓦爾德翁起司的青黴的刺激味道較少，口感濕潤綿密帶有濃郁的鮮美味。

酒的搭配則是與產地較近的紅或甜口的雪莉酒、波特酒等非常合拍。

CHEESE DATA

原產地	西班牙
原食材	牛、山羊的混奶
尺　寸	500g～3kg
風　味	滑順的入口即化口感與恰當的酸味
吃　法	直接品嚐、做成熱壓三明治
搭配飲品	紅葡萄酒、雪莉酒等

傑克斯藍紋起司

法國

BLUE DE GEX

擁有三個名字，青黴的刺激味很柔和的山形起司

▲傑克斯的體積在藍紋起司中算是較大的類型，表面刻有 GEX 的文字。

原產地為靠近法國與瑞士國界的侏羅山脈的高地。根據不同場所標示分別為Bleu de Septmoncel及Bleu de haut Jura，三個名字都被登錄於AOP。

歷史悠久，據說神聖羅馬帝國的皇帝查理五世就非常喜愛這款起司。

它的質地紮實有彈力，青黴的刺激味與鹹味都降低，味道柔和，帶有像樹木果實般的芬芳香氣，尾韻殘留著些微的苦味。大圓盤狀的外型與堅硬的外皮，讓它在未分切的狀態時看起來很像半硬質起司。加熱過後，味道會變得更加柔和美味。

▲與核桃的搭配性出色，推薦烤起司般（Raclette）的吃法。

CHEESE DATA

原產地　法國東部　原食材　牛奶

尺　寸　直徑31～35cm、高度約10cm、重量6～9kg

風　味　淡淡的鹹味與苦味、樹木果實般的香氣

吃　法　直接品嚐、烤起司、起司鍋、放在剛煮熟的馬鈴薯上

搭配飲品　輕盈的紅葡萄酒、波特酒

法國

奧弗涅藍紋起司

BLUE D'AUVERGNE

能突顯料理味道的優秀開胃小點
具強烈刺激性的藍紋起司

▲均等遍布的青黴，像是大理石般的美麗。

▼與少量的水果與蜂蜜等搭配享用。

奧弗涅藍紋起司的原產地在主要製作黴斑型起司的法國奧弗涅地區。其地質、起伏、標高與氣候都很理想。

以洛克福起司為靈感發想出牛奶製的藍紋起司。在古老的文獻中被描述成粗曠的味道，但慢慢熟成的製品，會變成綿密有層次，甚至能品嚐到甜味的優雅味道。

誕生於十九世紀中期，雖然還很年輕卻已取得AOP認證。滑順的口感、青黴特有的強烈風味衝上舌尖與鼻子，並帶有濃郁的奶香層次，鹹味也較重，是一款老饕非常喜歡的起司。

CHEESE DATA

原產地　法國・奧弗涅

原食材　牛奶

尺寸　直徑約20cm、重量2～3kg

風　味　強烈的青黴風味與鹽味、濃厚的奶香層次

吃　法　直接品嚐、義大利麵醬、取少量當點心等

搭配飲品　醇厚的紅葡萄酒、甜點酒

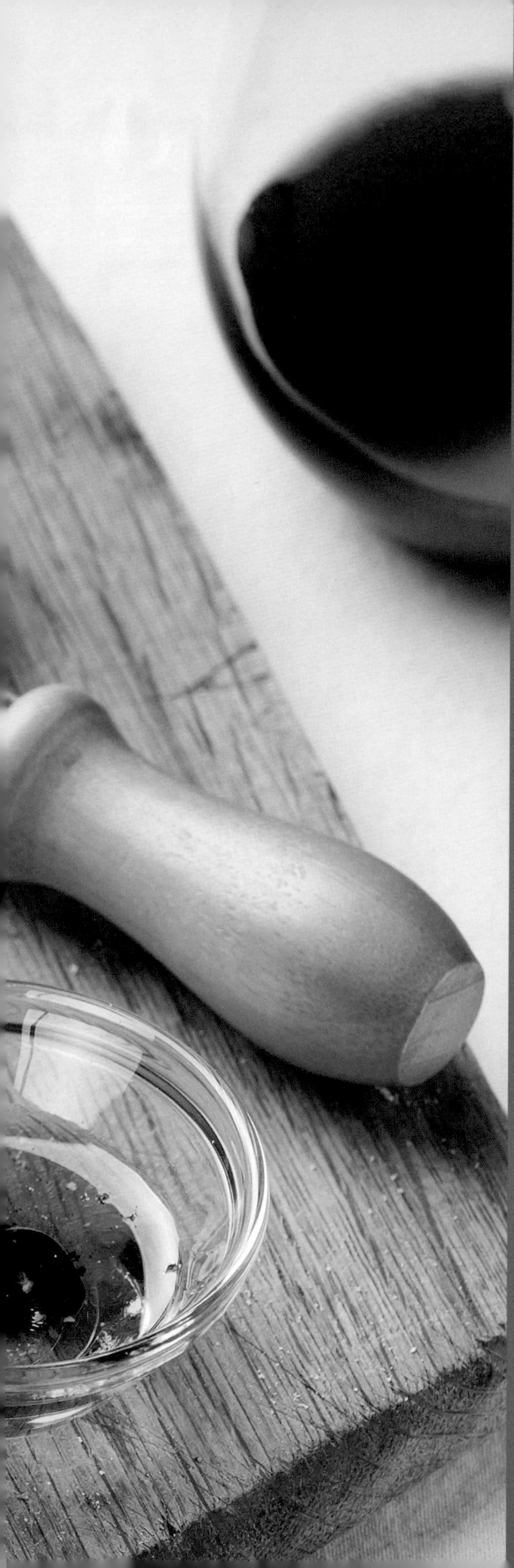

半硬質及硬質起司

SEMI HARD & HARD CHEESE

將新鮮起司經過壓榨，
排除掉水分的成品。
組織強硬所以保存性高，
熟成進展緩慢。
容易入口、柔和鮮美的滋味。
多數種類都易於融入料理。

MARIAGE
美味的組合

FRUIT

這種水分含量少的起司，與葡萄等多汁水果很合拍。與無花果等果乾或果醬的搭配性也很好。

BREAD

起司豐富的滋味與長棍麵包或加入小麥麩皮（小麥粒的表皮部分）的麵包非常合拍。將起司放在麵包上再烤一下又會變得更加美味。

WINE

味道樸實的起司，適合搭酒體中等或輕盈的紅葡萄酒。切達起司與酒體輕盈的加州產紅葡萄酒很對味。

義大利代表性的硬質起司——
帕馬森起司。

使用專門的刨刀器削片
像花瓣般、纖細入口即化感的起司

修道士起司

AOP 瑞士

TETE DE MOINE

▲乳酪刨花器（Girolle）一圈一圈繞圓，削成美麗波浪狀的模樣，看起來很有趣。

CHEESE DATA

原產地　瑞士北部

原食材　牛奶

尺　寸　直徑10～15cm、重量700g～2kg

風　　味　具有個性的香氣與刺激性的濃郁味道

吃　　法　刨成薄片直接品嚐

搭配飲品　紅葡萄酒、層次豐富的白葡萄酒

侏羅州：三湖區

在侏羅州有個聚集納沙泰爾湖、比爾湖、穆爾騰湖，被稱作三湖區的地方，聚集著世界知名品牌的總部，以鐘錶產業的聖地而聞名。湖畔附近廣布著葡萄園，也是大家熟知的高品質葡萄酒的產地。

在這個地方的德語與法語複雜的交錯使用，比爾湖以北的比爾市，大約60%的居民説德語，40%的人説法語。因此德語與法語皆為城市的官方語言，又被稱為「雙語城市」。

▶比爾市的街景。

修道士起司命名的原文意為「修道士的頭」，為緊鄰法國的瑞士西部的侏羅區域所製作的半硬質類型的起司。

十二世紀，修道士起司由貝萊修道院（Bellelay）的僧侶所製作，後來僧侶將起司的製作方法傳授給農家，並以僧侶的人數為標準繳納年貢。即使十八世紀時因法國大革命而將僧侶驅逐趕盡，鄰近的農家依然持續製作。

▲熟成中的修道士起司。因為熟成過程中的擦拭作業而漸漸變成橘色。

修道士起司在一種稱為雲杉的冷杉木板上進行熟成。

薄削後強烈的氣味變得柔和，可以享受在口中的慢慢融化的鬆軟口感。

這款起司的成品為重達八百公克的圓柱型。一九八二年開發了稱為「Girolle」的專用刨片器，而使得削成花瓣狀的吃法成為主流。Girolle的命名由來則是因為削成薄片的起司與雞油菌（Girolle）的形狀很相似。

使用起司的料理

如康乃馨花瓣般形狀美麗的修道士起司，為一款相當適合於派對或待客料理登場的起司。可在裸麥麵包放上無花果與修道士起司做成小點或前菜，或是讓普通的沙拉呈現出華麗的印象。

為了能享受其輕盈鬆軟的口感，不加熱，以刨刀器削成薄片食用最為推薦。

▲在以向日葵種子增添風味的裸麥麵包上，放上修道士起司與無花果。◀起司拼盤。只要放上修道士起司看起來就很華麗。

完美調和甜與酸
被稱為「乳房」的起司

乳房起司

西班牙

TETILLA

▲直接品嚐就很美味。加熱後會完全融化，因此很適合做成各式派點。

CHEESE DATA

原產地 西班牙西北部

原食材 牛奶

尺 寸 直徑9～15cm、高度9～15cm、重量500g～1.5kg

風 味 口感柔軟綿密、帶有奶香的甜美

吃 法 直接品嚐、做成派或鹹派

搭配飲品 辛口的白葡萄酒

富有大海恩惠的加利西亞地區

加利西亞地區位於西班牙的西北部一角，南邊與葡萄牙接壤。首府聖地亞哥——德孔波斯特拉，為知名的聖亞各朝聖之路的最終目的地。

這樣的加利西亞地區，魚貝類料理非常有名，有很多活用食材天然的原味製作的平實料理。如在西班牙國內非常常見的加利西亞風味章魚（Polbo á feira），為當地酒吧的招牌料理。另外，魚貝類的養殖也是世界知名，其品質、味道及尺寸都讓眾廚師讚賞不已。

▶面對大西洋的維哥灣。

原產自西班牙西北部，距離葡萄牙不遠處的加利西亞地區的乳房起司，為牛奶製作的起司。雖然西班牙的羊奶起司的生產興盛，但溫暖海洋性氣候的加利西亞地區，自古以來就是畜牧業興盛的區域。身為西班牙國內最大的牛奶產地，也有製作多種牛奶製的起司。

外表圓潤、呈圓錐狀的乳房起司，因其獨特的外型，也被稱為「尼僧的乳房」又或是「豐滿的乳房起司」。這個形狀的乳房起司的生產起源於六世紀，人們開始使用漏斗為起司塑型。擁有獨立文化圈的加利西亞，其起司的形狀也很特殊。

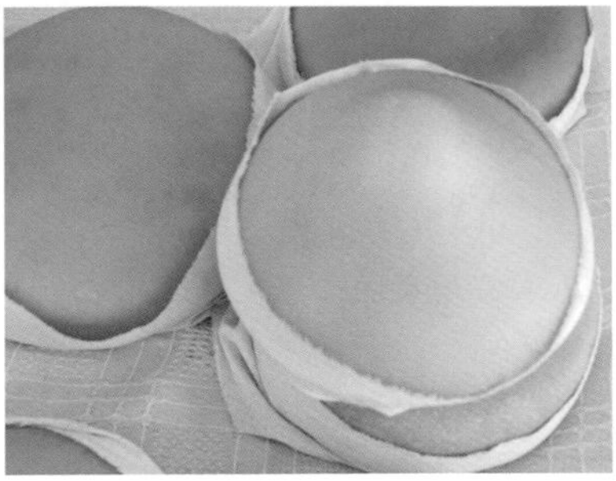

▲農家自製的乳房起司。

乳房起司屬於半硬質起司類型，但由於水分含量較多，可以享受豐盈與柔軟的口感。鹽分較低，品嚐時會有輕度的酸味與柔和的味道擴散在口中。沒有特殊味道的平實風味，任誰都會喜歡。

在西班牙當地會將起司切片搭配生火腿做成前菜小點，也可用於披薩或焗烤等烤箱料理，是款能廣泛使用的起司。

使用起司的料理

將碎切的西葫蘆與乳房起司中，加入小扁豆、小麥粉與蛋充分攪拌混和，於平底鍋放入橄欖油加熱煎烤即可。加入一點巴西利與奧勒岡葉也很美味。

恩潘納達（empanada）為西班牙語中南美常吃的料理，一種包入餡料的麵包，而加利西亞地區則為其發祥地。圖片為使用菠菜與起司製作的恩潘納達，外觀與內餡料則會根據製作地區而有所不同。

▲融化的乳房起司與西葫蘆、小扁豆、巴西利製作的煎餅（fritter）。◀菠菜與乳房起司製作的恩潘納達。

於全世界生產，備受眾人愛戴
天然起司的代表者

英國

切達起司

CHEDDAR

▲與高達起司同為加工起司主原料的切達起司。

CHEESE DATA

原產地　英國南部

原食材　牛奶

尺　寸　直徑32cm、高度28cm、重量27kgcm

風　味　恰到好處的鹹味與酸味。加熱後會使風味變柔和

吃　法　直接品嚐、三明治、焗烤等

搭配飲品　辛口的白葡萄酒、啤酒

紅切達起司與白切達起司

在日本的超市常見的大多是稱為「紅切達起司」的橘色切達起司。這個顏色並不是因為熟成而產生，是為了要勾起食慾，將胭脂樹紅（從紅樹的種子中萃取出的色素）添加進原料鮮乳中染色而成。最近不只胭脂樹紅，也會使用紅椒色素及類胡蘿蔔色素。

另一方面，以傳統製法製作的起司呈現淡淡的奶油色，為了與紅切達起司區別，而被稱為「白切達起司」。美國則將白切達起司稱作「佛蒙特州起司」（Vermont cheddar）。

▶乳白色的白切達起司。

常作為加工起司原料使用的切達起司，為一款備受全世界喜愛的易入口的起司。十六世紀後半時由英國的索美塞特郡的切達村莊所製作，到了十九世紀由酪農業者喬瑟夫．哈丁（Joseph Harding）確立生產方法與品質標準。時至今日，在美國、加拿大、紐西蘭等地皆有大量製作生產，而其技術是源自於英國移民所產生的後果。現在以傳統手法製作的農家自製的切達，被稱為West Country Farmhouse Cheddar，為PDO所認證。

▲將切成四角形的凝乳堆疊起來的堆釀製程。

切達起司是將凝乳沉積於鐵盤底部，切成適當大小的方塊重疊堆積，經過稱為「堆釀」（Cheddaring）的特殊製程製作而成。

熟成初期帶有清爽的酸味，隨著成熟推進，變化成像是奶油及堅果的芳醇風味。

能夠長時間熟成，不論哪一個階段的味道都很柔和，可以說是適合眾人的起司。

使用起司的料理

加熱後容易融化的切達起司，推薦做成焗烤或烤吐司。煮熟的通心粉拌上起司醬的「起司通心粉」（macaroni & cheese）為切達起司普遍的使用方法。

鮮豔橘色的紅切達起司，切片加入沙拉、塔可飯或三明治中。特別是漢堡，起司的濃郁風味與牛肉餅非常對味，從小孩到大人都很喜歡。

▲「起司通心粉」在美國是學校午餐的基本菜單。◀夾入漢堡或三明治還可營造繽紛的色彩。

熟成期越長風味越加濃郁有深度
日本人自古以來熟悉的起司

荷蘭

高達起司

GOUDA

▲風味溫和帶有奶油甜味的高達起司。經過熟成的製品又帶有焦糖的甜味。

CHEESE DATA

原產地　荷蘭

原食材　牛奶

尺　寸　直徑35cm、高度10～12.5cm、重量10kg

風　　味　無特殊味道的溫和風味，隨著熟成會增加香氣與層次

吃　　法　直接品嚐、三明治、披薩、義大利麵等

搭配飲品　果香馥郁的白葡萄酒、啤酒

蠟燭小鎮：高達

距離阿姆斯特丹僅 1 小時車程的高達，市政廳及教會等充滿傳統建築的街道，不僅限起司，作為蠟燭、菸斗及鬆餅的產地也很知名。

高達的蠟燭於 19 世紀中期起為人所知，在每年的聖誕季節都會舉行「Candle light Night」的活動。在市集廣場擺上巨大的聖誕樹，以蠟燭點亮整個街道，配合鐘塔的音色唱著聖誕歌曲，是個觀光客也可以一同享樂的節慶活動。

▶市集廣場上的市政廳。

▲在荷蘭以長遠歷史自豪的起司市場，廣場上排列著大量的高達起司。

占有荷蘭起司生產量過半數的高達起司，其歷史相當悠久。十二世紀時荷蘭南部的商人會定期前往高達小鎮收購起司，再帶到其他城市販售，因此稱其為高達起司，荷蘭文的發音則是「豪達」。日本在十七世紀時便已進口，因為符合日本人無特殊味道之溫和口感與層次的喜好，而大受歡迎。直徑約三十五公分、重量為九至十二公斤不等，最近則是也有方便食用的三百克大小的貝比高達起司。另外，North Holland Gouda是唯一擁有PDO認證的種類。

剛製成的高達起司的味道綿密且清爽，隨著熟成進行，芳醇的香氣以及胺基酸帶來的層次與美味都會增加。零售店販售的是切成四角形的高達起司，不帶皮的類型則多為業務用。直接品嚐就很美味，由於加熱完全融化後的味道也變得柔和，非常適合用於烤箱料理。

使用起司的料理

沒有特殊味道的高達起司，是款能用於各式各樣料理中的萬能天然起司。經過熟成的製品除了適合直接享用，也可以當作湯品或沙拉的配料。

想要與麵包一起品嚐的話，非常推薦誕生於加拿大的三明治「基督山炸三明治」（Monte Cristo sandwich）。在吐司中夾入火腿與起司，浸泡於蛋液中再香煎成法式吐司，融化流出的高達起司的圓潤風味非常絕妙。

▲將削片的高達起司放入花椰菜的奶油湯中。

◀像是法式吐司，能簡單製作的基督山炸三明治（Monte Cristo sandwich）。

豐盈彈性與奶香風味為魅力
義大利的萬能起司

艾斯阿格起司

義大利

ASIAGO

▲經 20 天熟成即可享用的新鮮艾斯阿格起司於日常使用非常受歡迎。

CHEESE DATA

原產地　義大利北部

原食材　牛奶

尺寸　直徑30～40cm、
高度11～15cm、
重量11～15kg（Pressato）

風　味　Pressato：淡淡的酸味、牛奶的甜味
d'allevo：濃縮的鮮美味

吃　法　直接品嚐、加入義大利麵或燉飯中

搭配飲品　果香馥郁的紅葡萄酒、日本酒

世界遺產城市：維琴察

有著艾斯阿格小鎮的維琴察省的首府維琴察市（Vicenza），是個整體被納為世界遺產的美麗城鎮。文藝復興時期的傑出建築師帕拉底歐所設計的住宅與公共設施分布市區內，被成為「帕拉底歐的城市」的舊市區以及位於郊外的 23 個住宅一同被登錄於世界遺產。時間的流動非常緩慢，疲乏於大都市的觀光時一定要繞道前來造訪。

飲食文化也非常豐富，傳統料理「維琴察式鹹鱈魚」及「波倫塔」（將玉米粉煮熟的製品）等很知名。

▶維琴察的市景。

於義大利東北部維琴察省高原地坐落的艾斯阿格村莊，是這款起司的原產地。作為冬天的重要保存食物，於十三世紀時開始製作。原本是以羊奶為原料，曾被稱為「維琴察的佩科利諾起司」，十六世紀以降則全變成牛奶製品。

現在於義大利當地的日常中常吃的艾斯阿格起司有二種類型，分別為Pressato及d' allevo，兩種不僅是熟成時間不同，連製法也有差別。

▲廣布於山麓處的艾斯阿格村莊。

Pressato熟成時間短，生產量多，於義大利全國流通。口感柔嫩有彈性、帶點些微的酸味與甜味為特徵。沒有特殊味道非常容易入口，因此被視為萬能起司（table cheese），並為使用於帕尼尼的餡料。

另一方面，至少耗費三個月，甚至長達三年緩慢熟成的d'allevo，有著濃郁的層次，常用於魚料理及肉類料理，或是將磨碎的起司加進義大利麵等品嚐。d'allevo的生產量較少，若有機會造訪義大利的話，一定要品嚐看看。

使用起司的料理

經過長時間熟成而增添風味的艾斯阿格 d'allevo 起司，除了適合搭配紅葡萄酒，與日本酒也很合。直接品嚐的吃法以外，也可以將磨碎的起司加入義大利麵或燉飯中。

加熱後容易融化的艾斯阿格 Pressato 起司，放在麵包上烤一下也很美味。加入艾斯阿格起司的貝果，自從被美國的連鎖餐廳開發後，便成為了起司貝果的定番。

▲加入蝦子與艾斯阿格 d'allevo 起司的簡單義大利麵。◀風味濃郁、口齒留香的艾斯阿格起司貝果。

口感濕潤的柔和味道
像是夾在擦洗式與半硬質類型中間的起司

法國

瑞布羅申起司

REBLOCHON

▲每個農家的口味皆有所不同的瑞布羅申農家起司（Reblochon Fermier）。中央的酪蛋白標誌為農家製的證明。

CHEESE DATA

原產地　法國東部

原食材　牛奶

尺　寸（大型）　直徑約14cm、高度約3.5cm、重量450～550g

風　　味　樹木果實般的淡淡香氣、奶香十足的優雅風味

吃　　法　直接品嚐、用於烤箱料理

搭配飲品　辛口的白葡萄酒

薩瓦省的寶石：安錫

緊鄰瑞士與義大利國境的薩瓦地區，為面向阿爾卑斯山脈與日內瓦湖的大自然豐富的區域。上薩瓦省的首府所在地安錫，也是個群山與綠意環抱著湖畔的美麗城市。雖然不是非常大的城市，所經之處皆有清澈的運河穿流過，其美麗的景觀也被稱為「法國威尼斯」及「薩瓦的寶石」。

以位於舊城區的舊監獄小島宮（Palais de l'Ile）為首，四處皆是12～17世紀建造的古城市景。另外，在安錫湖乘坐小船或觀光船遊覽、在山中滑雪或是拖曳傘等等，也有多種活動可以玩。

▶安錫市的美麗運河。

▲優美的阿爾卑斯山的夏季放牧地。無憂無慮的阿邦當斯牛。

受惠於阿爾卑斯豐沛的自然資源，原產於法國薩伏依地區的瑞布羅申起司，為意指「再次榨取」的單字「Reblocher」為典故的起司。

十三世紀時，由於牛隻的放牧地為借地，因此農戶需要向地主繳交土地費，以一部分的牛奶為計算。因此，當地主來調查榨乳量時，農民往往不將全部的奶擠出，而是之後再偷偷地擠牛奶。以第二次擠出的鮮奶濃度高，製作的起司就是瑞布羅申起司的起源。

現在，瑞布羅申起司只使用食用豐富高山植物的山岳品種牛——阿邦當斯種（Abondance）、塔朗泰斯種（Tarentaise）的鮮奶製作。夏季會在高地放牧，這個季節製作的瑞布羅申起司更是特別美味。

這款起司使用鹽水擦洗表面製作，但因為洗浸的次數較少，擦洗式起司具有的獨特味道也相對較淡，因此能輕易入口。表皮經胭脂樹紅染色，內部呈現濕潤的質感。帶有柔和的奶香風味，推薦給沒有吃過擦洗式起司的人嘗試。

使用起司的料理

瑞布羅申起司經過加熱後美味會激增。法式焗烤馬鈴薯（Tartiflette）就是一種奢侈地使用瑞布羅申起司製作的焗烤料理。雖然瑞布羅申起司的產季在夏天，但由於很受滑雪客的歡迎，而增加了冬季的需求量。本來是使用瑞布羅申起司製作，近幾年則多改使用專用起司。夏季放牧時，在山上小屋品嚐法式焗烤馬鈴薯真是最佳美味。

▲在火腿與洋蔥的簡易披薩放上瑞布羅申起司搭配品嚐。◀大量的起司搭配培根做出美味度絕讚的法式焗烤馬鈴薯。

辨識性高的香氣並帶有濃郁牛奶的甜味
北義大利著名的高山起司

義大利

芳提娜起司

FONTINA

▲原本是作為度過寒冬的保存食品而製造的起司。（照片：Luigi Chiesa）

CHEESE DATA

原產地　義大利北部

原食材　牛奶

尺　寸　直徑35～45cm、高度7～10cm、重量7.5～12kg

風　　味　獨特的芳香與堅果的風味，蜂蜜般的甜味

吃　　法　義大利麵、披薩、焗烤、燉飯等

搭配飲品　白葡萄酒

靠近天堂的瓦萊達奧斯塔大區

靠近瑞士、法國的義大利西北部的瓦萊達奧斯塔大區。位於阿爾卑斯山脈的南側，四周被白朗峰、馬特洪峰、羅莎峰等歐洲著名的4,000公尺級的名峰所圍繞的自然豐沛的地區。夏天為義大利首屈一指的高級避暑地，冬天則是作為山上滑雪客的聖地，每年擠入大量的觀光客。

其中為瓦萊達奧斯塔大區最古老的滑雪度假村，庫爾馬耶烏爾的觀光設備很充足。前往白朗峰隧道的交通也很好，與法國的夏慕尼往來只需要不到30分鐘車程。

▶白朗峰纜車。

於義大利西北端的瓦萊達奧斯塔大區的十二溪谷製作，為義大利的DOP起司。生產地為法國與瑞士交接的山岳地帶，馬特洪峰、白朗峰、羅莎峰、大帕拉迪索山等名峰聳立。共同熟成庫有七個，兩百年前時曾為銅的採礦廠的全長兩千公尺的巨大隧道。電車曾於此通行。

芳提娜起司作為冬天的保存食品，製作起源於十三世紀。表皮以鹽水洗刷的同時進行三個月的熟成作業，成品帶有堅果般的芳香、口感柔軟。甜味中又伴隨著些微近似苦澀的複雜味道，交織成極具個性的一款起司。外表呈現橘色，內裡則是綠色。出貨一定要通過來自協會的檢察官前進行的嚴格審查，合格的芳提娜起司會被蓋上戳記。

以瑞士起司鍋為藍本的義式起司鍋「融漿火鍋」（fonduta），便是使用芳提娜。用於義大利料理玉棋（gnocchi）及波倫塔（polenta）也很適合。

▲利用電車曾行走的隧道做為熟成庫。

使用起司的料理

說到芳提娜起司最美味的吃法，就是做成融漿火鍋。在融化的奶油中加入芳提娜、蛋黃與白葡萄酒，以鄉村麵包等麵包及蔬菜沾著品嚐。加入奶油與蛋黃的起司醬味道比一般起司醬更濃郁。另外，做成義大利麵或玉棋的醬汁可彰顯其甜味與香氣，非常美味。

▲芳提娜起司白醬的馬鈴薯玉棋。
◀融漿火鍋。

擁有千年以上的歷史
太陽王路易十四深愛的傳統起司

聖內克泰爾起司

法國

SAINT-NECTAIRE

▲覆蓋著徽斑的農家製聖內克泰爾起司，生產量十分稀少而珍貴。

CHEESE DATA

原產地　法國奧弗涅地區

原食材　牛奶

尺　寸（大型）　直徑約20～24cm、高度3.5cm、重量1.85kg以下

風　味　鹹味較重，具有獨特的風味

吃　法　直接品嚐、歐姆蛋、沙拉、放在麵包上

搭配飲品　果香馥郁的紅葡萄酒

歐洲規模最大的自然保護區

聖內克泰爾起司誕生於法國中部的歐洲最大規模的自然保護區，奧弗涅地區。為8萬年～8,500年前經火山活動形成的山岳地帶。現在有著不進行活動的休火山帶 Chaîne des Puys 火山群，綿延著湖泊及適合放牧的牧草地帶。

受惠於群山與大自然，為世界知名礦泉水「富維克」（Volvic）的水源，水源非常純淨。乾淨程度就像是日本水管的水可以直接當飲用水。這片壯觀的自然景觀支撐著起司產業。

▶奧弗涅的群山孕育著優質的地下水。

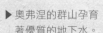

十七世紀時聖內克泰爾的將軍獻給太陽王路易十四的起司。生產地雖然是位於海拔平均七百五十公尺、地質為火山岩的奧弗涅地區，但能榨取出優質的牛奶，再由農場的女性製成聖內克泰爾起司。由於十七世紀以前是在由火山岩形成的天然洞穴中，放在裸麥的草蓆上進行熟成，因此曾被稱作「裸麥起司」。

▲工廠製的聖內克泰爾起司也十分彈嫩，再加上實惠的價格而廣受歡迎。

現今盛行的農家製的聖內克泰爾起司，被白、紅及黃色的黴斑所包覆，帶有輕微的蘑菇香氣與讓人上癮的榛果般的濃郁美味。口感柔細綿密，味道樸實。在巴黎或日本，會先將黴斑處理乾淨再出貨。農家製品會印上橢圓形的酪蛋白標誌，而工廠製品則是印上正方形的酪蛋白標誌，因此可以依據標誌形狀區分。一九四八年時舉辦過改良起司的活動，而催生專屬的標籤，並於一九五五年獲得AOC保護。

使用起司的料理

提到聖內克泰爾的當地料理，最大的特徵就是使用畜牧的肉品與起司製作、調味簡單的樸實料理。

如將洋蔥以奶油或油慢慢拌炒至呈現褐色，接著倒入肉汁清湯慢火燉煮成的法式洋蔥湯。上桌前再放入一片長棍麵包，並鋪上磨碎的聖內克泰爾起司。

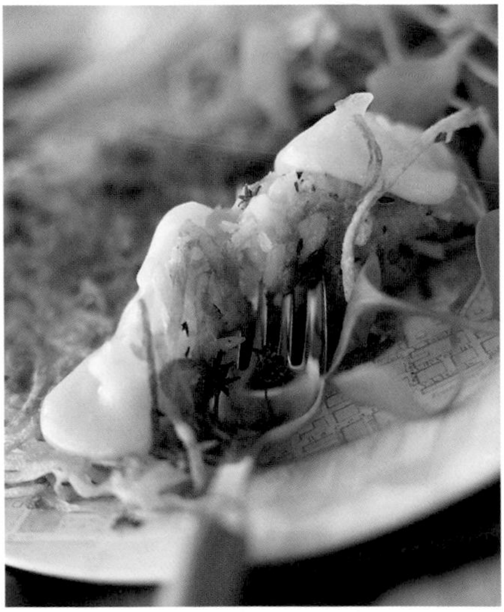

▲馬鈴薯煎餅，聖內克泰爾起司的香氣能勾起食慾。◀法國人愛到無可自拔的法式洋蔥湯。標準是使用康堤起司，但用工廠製的聖內克泰爾起司也很美味。

堅果般的香氣與碳酸般的口感
具有2,000年以上之歷史的起司

康塔爾起司

法國

CANTAL

▲中期熟成（Entre-Deux）的類型最受歡迎，味道豐富。

CHEESE DATA

原產地　法國・奧弗涅大區

原食材　牛奶

尺　寸　直徑36～42cm、重量35～45kg

風　　味　堅果般的樸實風味與酸味，微發泡的口感

吃　　法　直接品嚐、三明治、做成起司馬鈴薯泥

搭配飲品　辛口的白葡萄酒、果香馥郁的紅葡萄酒

火山大地：奧弗涅大區

位處法國中央的奧弗涅大區，具有火山孕育的水脈，自然資源豐沛。寒冬氣候漫長的康塔爾省，比起農耕更適合發展酪農業，自古以來畜牧業便非常興盛。康塔爾省的薩萊爾市鎮，同時也是一種起司與牛隻的名字。

城市擁有不少城塞等歷史建築物，是「法國最美麗的村莊」之一。也有展示關於起司古老文獻與器具的博物館，造訪此地時順道前往也是個不錯的選擇。

▶奧弗涅火山地帶。

▲比起乳牛，更常被當作肉牛的薩萊爾牛。

原產於法國中部奧弗涅大區的康塔爾起司，是一款以產地康塔爾山巒命名的高山起司。熟成後的表皮堅硬，帶有淡淡的堅果香氣。其歷史發展於公元前，與洛克福起司並列為法國最古老的起司。

要製作出重量四十公斤的康塔爾起司，需要四百公升的牛奶。利用廢棄的隧道進行熟成，其名也會根據不同的熟成時間有所不同。熟成時間低於二個月的為jeune、三個月到六個月為entre-deux、六個月以上則稱作vieux。熟成短的味道較為清淡，但隨著熟成進展而變得帶有濃厚複雜的強烈味道。製造日期可以藉由印在側面的認證編號得知。

與同樣於奧弗涅地區製作的拉吉奧爾起司及薩萊爾起司相比，味道及外型都非常相似，但康塔爾起司在三者之中的產量占壓倒性優勢，深受廣大的法國國民愛戴。

使用起司的料理

在使用康塔爾起司製作的料理當中，特別有名的就是「起司馬鈴薯泥」（aligot）：在搗成泥狀的馬鈴薯中加入奶油、牛奶、康塔爾的新鮮多莫起司（tome fraîche）混和攪拌，再以大蒜、鹽與胡椒調味。

放入豬油、馬鈴薯、培根及康塔爾起司一起拌炒成乳酪馬鈴薯塊料理（truffade），據說是酪農在夏季放牧期，於山上小屋製作出的料理。

▲法國中部的傳統美食起司馬鈴薯泥。◀大量使用康塔爾起司的奢華料理乳酪馬鈴薯塊。

莫爾比耶起司

法國

MORBIER

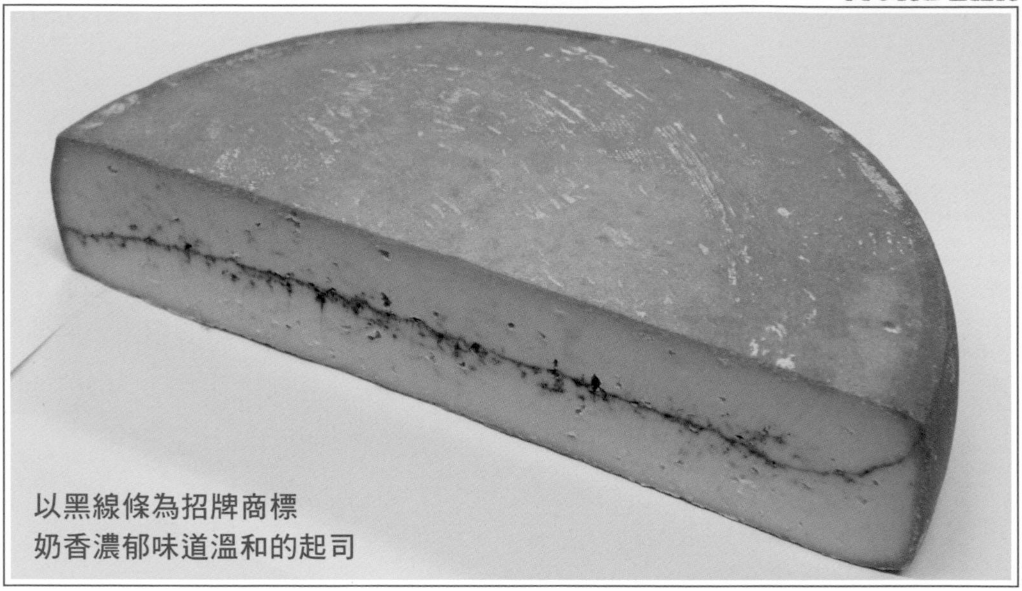
以黑線條為招牌商標
奶香濃郁味道溫和的起司

▲莫爾比耶起司的黑線為食品用活性炭，可以安心食用。

莫爾比耶起司，原產於與瑞士國境相接的法蘭琪——康堤大區。離群索居於此的酪農家，在冬天時因大雪而無法將牛奶運送至製造廠，因此酪農便自己動手製作，成品就是莫爾比耶起司。

製作方法是，夜晚時在已入模的凝乳上鋪上一層防蟲用的煤，隔天一早，再於煤上覆蓋第二層的凝乳製成。因此起司的中間才有著黑色的一條線。現在則多作為裝飾，保留其特徵以紀念。

芳醇的香氣與彈嫩的口感，帶有奶香的甜味與溫和的味道，在未過度熟成前為最佳品嚐時機。

▲法蘭琪．康堤大區具代表性的牛蒙貝利亞牛（Montbeliarde）。

CHEESE DATA

原產地　法國東部

原食材　牛奶

尺寸　直徑30～40cm、高度5～8cm、重量5～8kg

風　味　柔軟有彈性，味道帶甜與些微苦味

吃　法　直接品嚐、做成三明治

搭配飲品　辛口的白葡萄酒、酒體輕盈的紅葡萄酒

阿邦當斯起司

法國

ABONDANCE

▲整體側面的邊緣平緩的凹陷，及彎曲（照片：Frédérique Voisin-Demery / flickr）。

▼熟成中的阿邦當斯起司。

阿邦當斯起司起源於十四世紀時，鄰近瑞士國境的阿邦當斯山谷的奧斯定會所開始製作。命名則來自乳牛種名。

作為高山起司，因為是以高級的牛奶製作，豐富的乳脂肪形成的濃郁層次為此款起司的特徵。熟成後的起司力道強勁、恰到好處的榛果風味與果香馥郁的甜味，味道豐富有深度。

側面呈現的車輪狀，似乎是因為以前會在此處綑上繩索進行搬運，現在則是在側面印記上表示製造者與製造日期的酪蛋白標記。橢圓形標記代表酪農家自製，而四角形則代表工廠出產。

CHEESE DATA

原產地	法國東部
原食材	牛奶
尺　寸	直徑約40cm、重量6～12kg
風　味	果香馥郁與堅果的芳醇香氣
吃　法	直接品嚐、加熱後搭配長棍麵包或放在芋頭或馬鈴薯上
搭配飲品	紅葡萄酒、日本酒

長時間熟成催生、芳醇香氣與濃郁層次
義大利起司之王

義大利

帕瑪森起司

PARMIGIANO REGGIANO

▲只要在料理中撒上，就能讓味道變得更加出色。

CHEESE DATA

原產地	義大利北部
原食材	牛奶
尺　寸	直徑35～45cm、高度20～26cm、重量至少30kg
風　味	粗糙的舌尖觸感，熟成帶來的美味與溫和的風味
吃　法	直接品嚐、加入義大利麵、沙拉等
搭配飲品	果香馥郁的白葡萄酒、紅葡萄酒

美食與藝術之都：帕瑪

帕瑪為艾米利亞－羅馬涅的一座城市，有著據說是世界最古老的大學，在1502年創校的帕瑪大學。做為美食之都非常知名，以世界三大火腿之一的帕馬火腿（Prosciutto di Parma）等特產而聞名。

以科雷吉歐及帕爾米賈尼諾為代表的帕馬派的畫家們也曾活躍於此，是知名的藝術之都，以帕瑪大教堂的天花板畫為首，城市中到處都可以看到這些畫家們的作品。城市整體規模小巧，但值得一訪的景點眾多。

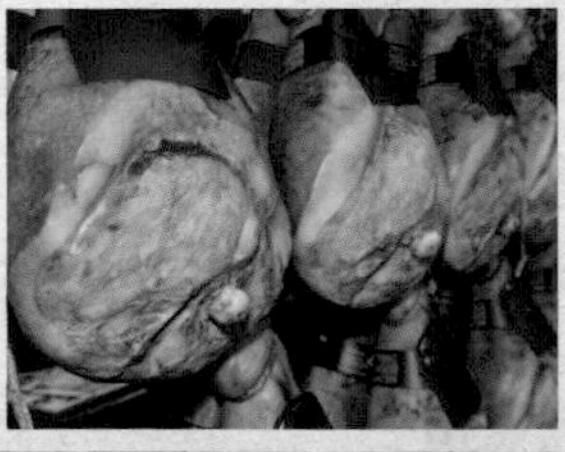

▶帕瑪火腿。

▲鼓狀帕瑪森起司分切秀。

日本多以「Parmesan」來稱呼Parmigiano Reggiano。Parmigiano意為「帕瑪的」，Reggiano則為「雷焦艾米利亞區」的意思，就如名稱由來，誕生於包含兩個城市的大穀倉地帶。此地區從和緩的山地區綿延至平原，是自然資源豐沛的肥沃土地，可以採集到優質的牛奶。

一個約四十公斤的帕瑪森起司，需要使用大約六百公升的牛奶。熟成時間至少要一年，以二年期製品的需求量最高。熟成時間拉得越長，就越能鎖住濃郁的味道，還可以吃到鮮美味來源的胺基酸結晶的顆粒感。另外，與之非常相似的硬質起司格拉娜·帕達諾起司，因為價格便宜，所以生產量遠高於帕瑪森起司。

可直接品嚐，也可削屑後撒入義大利麵、或是加入燉飯，是義大利料理中不可欠缺的重要食材。

使用起司的料理

為完成料理所不可欠缺的帕瑪森起司。艾米利亞—羅馬涅的當地美食義大利餃（Ravioli），可以煮熟後淋上醬汁，也可以浮在湯品中一起食用，而理所當然撒上大量的帕瑪森起司是最基本規則。

在義大利麵、燉飯、湯品等料理中都大為活躍，甚至可以說「沒有帕瑪森起司，就不是艾米利亞—羅馬涅的料理」。

▲當地特有的義大利餃。◀加入大量義大利麵與蔬菜的義式蔬菜湯（Minestrone）。

有著自羅馬帝國以來的長久歷史
重度鹹味與緊縮鮮美味的起司

佩科里諾・羅馬諾起司

PECORINO ROMANO

義大利

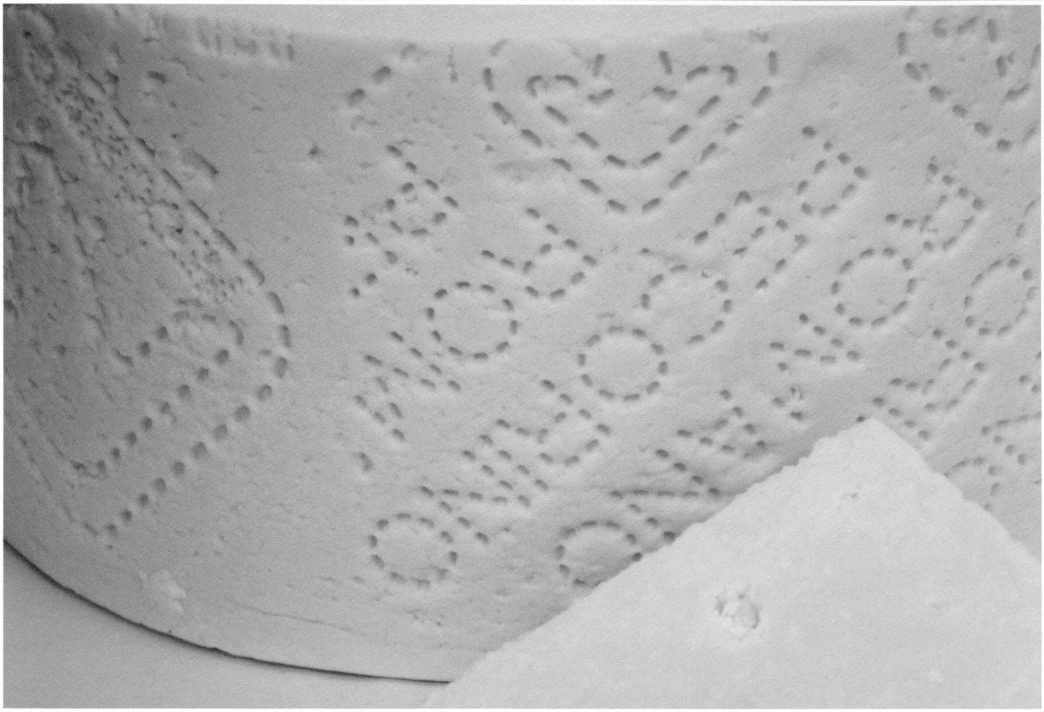

▲佩科里諾・羅馬諾起司的鹹味明顯，因此適合作為調味料使用。

CHEESE DATA

原產地　義大利中部

原食材　羊奶

尺　寸　直徑25～35cm、高度25～40cm、重量20～35kg

風　　味　重度的鹹味與些微的酸味、羊奶特有的香氣

吃　　法　直接品嚐、義大利麵、沙拉等

搭配飲品　富有層次的紅葡萄酒、日本酒

蠶豆與佩科里諾・羅馬諾起司

在春天的羅馬市場，會大量出現一種被稱為「FAVE」的生吃用的蠶豆。佩科里諾・羅馬諾起司的獨特風味及重鹹味，與蠶豆新鮮的青草味非常對味，非常適合搭配葡萄酒。在五朔節（May Day）的日子，帶著蠶豆與佩科里諾・羅馬諾起司與葡萄酒前去野餐，就是羅馬春天的特有風情。

生吃蠶豆的習慣起源自古羅馬時代，為慶祝春天的到來，並祈求幸福與繁榮而食用。如果不敢生吃，也可以做成鹹派、義大利烘蛋、或是義大利麵。

▶報告春天來臨的蠶豆。

發展於公元前的古羅馬帝國時期，義大利最古老的起司。佩科里諾・羅馬諾起司的起源有一說法是由羅馬帝國建國之父羅慕路斯，從羊奶製作而成。

原文名稱 Pecorino 來自義大利文中意指母羊的單字 Pecola，而 Romano 則是因為這款起司原本是在羅馬近郊製作而得名。二十世紀時，眾多義大利人橫渡美國，而使佩科里諾・羅馬諾起司的需求量增加，因此轉往羊奶產量多的薩丁尼亞島進行生產。而現在則變成百分之百的佩科里諾・羅馬諾起司都在薩丁尼亞島製作。

▲據說羊隻數量比人口多的薩丁尼亞島的牧羊風景。

佩科里諾・羅馬諾起司的保存性高，並具有優良的營養價值，被當作羅馬士兵進行遠征時攜帶的糧食。不太具有甜味，且鹹味很重並帶有些微刺激，近幾年則開始增加味道溫和易於入口的製品。

發源於羅馬的培根蛋義大利麵即是使用佩科里諾・羅馬諾起司。在自家也可以試著重現道地的味道。

使用起司的料理

將磨成粉的佩科里諾・羅馬諾起司與巴西利、大蒜及橄欖油混和成膏狀，就是起司風味濃郁的義式青醬。可以在青醬義大利麵或海鮮料理等廣泛的做使用。

將帕瑪森起司與佩科里諾・羅馬諾起司混合加入培根蛋義大利麵，就能做出香氣滿溢的一道料理。

▲手做義式青醬（Genovese sauce），可以依照個人喜好調整食材與比例。◀放入大量起司與培根的培根蛋義大利麵。

不常品嚐羊奶起司的人也能輕易入口
網狀紋路為標誌的西班牙起司

西班牙

曼徹格起司

QUESO MANCHEGO

▲在西班牙的年度產量為2,500噸。產量及知名度皆為西班牙第一的起司。

CHEESE DATA

原產地　西班牙中部
原食材　羊奶
尺　寸　直徑22cm以下、高度12cm以下、重量400g～4kg

風　　味　辛辣的刺激味道與鹹味中，帶有羊奶特有的滋味與甜味
吃　　法　直接品嚐、搭配果醬或蜂蜜
搭配飲品　果香馥郁的紅葡萄酒或是雪莉酒

堂吉訶德的故鄉：拉曼查

位於馬德里以南的拉曼查，在阿拉伯語中為「乾旱土地」的意思，地如其名是個一大片經強風狂吹的紅土乾燥大地。在塞凡提斯的小說《堂吉訶德》中，作為主角遍歷旅行的故事舞台而聞名，廣大的高原上保留著要塞遺跡與風車群。

從馬德里乘坐火車30分鐘左右，來到的是卡斯提亞一拉曼查區的首府托萊多，舊城區整體以「托萊多古城」被登錄進世界遺產。融合著伊斯蘭教與基督教文化的中世紀城鎮，是讓人想造訪的地點。

▶《堂吉訶德》中登場的坎波德克里普塔納的風車。

西班牙代表性的起司，曼徹格起司。為使用西班牙中部拉曼查地區飼養的曼徹格（Manchega）的羊的全乳，製作出的硬質類型的起司。在那本知名的塞凡提斯的《堂吉訶德》小說中也有登場，是數百年前便開始製造的起司。

提到曼徹格起司，招牌標誌就是位於側面的鋸齒狀花紋，這是北非蘆葦草編織成的模具所留下的痕跡。現在因衛生考量而改放入塑膠製的模型中重現招牌花紋。

味道以近似堅果的風味與蜂蜜般的甜味與滋味為特徵。放牧於拉曼查的乾燥平原的羊隻，可以採收到含有野草香氣的濃厚鮮奶，賦予起司濃郁的深厚滋味。並且在西班牙，會將熟成初期的稱為fresco、三個月以下為curado、以及長期熟成的viejo。搭配雪莉酒品嚐的話，可以強化曼徹格起司原有的豐富香氣。

▲以前曾使用北非蘆葦草製作模具，現在則以塑膠製取代。

使用起司的料理

在西班牙當地，在切成薄片的曼徹格起司上放上榲桲醬（Membrillo，即將榲桲煮稠成膏狀）食用為最普遍的吃法。若手邊沒有榲桲醬，也可以用草莓果醬及蜂蜜取代，鹹味與甜味的調和非常迷人。

另外，將曼徹格起司與香草放入橄欖油中醃漬可以長期保存，很適合搭配麵包品嚐。

▲放上曼徹格起司、榲桲醬及西班牙產的火腿的小點（Tapas）。◀橄欖油漬曼徹格起司。

在日本以「紅玉」為名，廣為人知
像是壘球般圓潤的起司

荷蘭

艾登起司

EDAM CHEESE

▲包裹著一層紅色封蠟的艾登起司的橫切面，看起來簡直就像是蘋果。

CHEESE DATA

原產地 荷蘭

原食材 牛奶

尺　寸 直徑、高度約14cm、重量約1.8kg

風　味 恰到好處的清爽酸味，並帶有奶油的溫和香氣

吃　法 直接品嚐、加入義大利麵、烘焙點心

搭配飲品 辛口的白葡萄酒、果香馥郁的紅葡萄酒

起司的故鄉：艾登

從阿姆斯特丹搭乘巴士北上約 30 分鐘，就會來到生產著世界知名起司的艾登小鎮。並排著紅磚建造的住宅、美麗運河以及白色釣橋，令人印象深刻的童話小鎮。

以長久的起司製造歷史自豪的艾登，首先該造訪的當然就是起司市場。每年 7～8 月，每週四會開放市場，吸引大量的觀光客蜂擁而至。曾經作為進行起司交易的計量所，現在則成為販售各式各樣艾登起司的店鋪，也作為倉庫及博物館等，起司相關的景點不勝枚舉。

▶艾登的起司零售店。

▲黃色封蠟的艾登起司。

艾登起司與高達起司並列為荷蘭代表性的半硬質起司。十四世紀時以港鎮繁榮的艾登，出口了大量此地製作的起司，最後便以此港鎮為名，稱為艾登起司。在當時，由於艾登起司的良好保存性以及適合運送的形狀，被當作出口的主力商品以船運載貨。就如同通稱的「紅玉」一名字，表面覆蓋上一層紅色及黃色的封蠟，這是為了要防止表面產生黴斑的加工，只限於出口用。國內使用的起司則不塗蠟，因此呈現的是天然的黃色表皮。

熟成初期的口感濕潤綿密且味道溫和，隨著熟成進行，硬度與味道層次都會增加。由於使用的是脫脂乳品製作，因此與其他起司相比的乳脂肪量較低，熱量也較低。由於幾乎沒有特殊的異味，不只能當作葡萄酒的零食，也能搭配吐司，或是薄削當作起司粉使用。

使用起司的料理

帶點硬度的艾登起司，削磨成粉末更易於使用。價格較低，非常容易取得，可以試著加入義大利麵及沙拉等多樣的料理中。也可以應用在派或餅乾等烘焙點心，加入麵團的話，就能做出風味豐富、味道濃郁的成品。

熟成時間較短的種類可以直接切丁後加入麵包或磅蛋糕中，剛出爐熱呼呼的狀態一定美味，冷卻後也很好吃。

▲以艾登起司與迷迭香增添香氣的麵包棒。
◀放入艾登起司、橄欖、彩椒的磅蛋糕。

號稱世界最大
動漫畫中廣為人知的坑洞起司

艾曼塔起司

AOP 瑞士

EMMENTAL

▲散布著「起司眼」的艾曼塔起司。質地濕潤並散發光澤的製品為佳。

CHEESE DATA

原產地　瑞士中部

原食材　牛奶

尺　寸　直徑80～100cm、高度16～27cm、重量75～120kg

風　味　樹木果實般的芬芳香氣，味道溫和帶點苦澀

吃　法　直接品嚐、三明治、做成起司鍋

搭配飲品　果香馥郁的白葡萄酒

阿福爾特恩村莊

阿福爾特恩村莊位於首都伯恩的東北部，廣闊的艾曼塔地區。艾曼塔地區的草原及牧草地占了整區的大半部分，酪農業與農業非常興盛。位於此地的阿福爾特恩村莊有著艾曼塔起司的工廠，除了可以參觀製作過程，也可以在附設的餐廳品嚐起司料理。當然也可以直接購買工廠製作的起司，從熟成時間僅數個月至數年的製品，有著非常多樣的起司種類齊聚一堂，對起司迷來說是極具吸引力的地方。

在天氣晴朗的日子，可以從村莊將阿爾卑斯的壯觀山群盡收眼底。

▶牧草地綿延不絕的艾曼塔地區。

常用於焗烤、法式鹹派及起司鍋等料理的艾曼塔起司，是世界少數的大型起司。在美國動畫《湯姆貓與傑利鼠》中登場的有洞起司，就是以艾曼塔起司為模型描繪。

其歷史相當古老，為擁有廣大阿爾卑斯的豐富自然的瑞士西部的艾曼塔地區於十三世紀時開始製作。尺寸為七十五至一百二十公斤，甚至更重，製作一個艾曼塔起司需要八十頭牛的產量，約一千公升的牛奶。

此款起司的特徵，當然就是像櫻桃或胡桃大小，被稱為「起司眼」的眾多大洞。這些洞孔是由屬於乳酸菌的一種丙酸菌在發酵時留下的氣泡。丙酸菌若是不足，就無法生成足夠的風味。

口感富有彈性，飄散著近似樹木果實芳香的獨特香氣，帶點苦澀與香甜滋味。加熱後的延展性很好，還可以凸顯豐富的香氣，因此很推薦使用於烤箱料理。

▲大圓盤型的艾曼塔起司。在維持一定溫度的熟成庫中等待出貨時機。

使用起司的料理

在炙燒過的蔬菜中夾入艾曼塔起司，再放入烤箱稍微加熱至焦香就完成一道視覺美味的繽紛料理。推薦當作葡萄酒的下酒菜或早餐食用。

在瑞士當地經常將艾曼塔起司搭配顆粒芥末醬。在雞肉上鋪滿艾曼塔起司與顆粒芥末醬放入烤箱加熱，就能在短時間完成道地的炙燒雞肉料理。當然使用平底鍋也能輕易做出。趁著熱騰騰時搭配葡萄酒品嚐非常美味。

▲櫛瓜、茄子、番茄與艾曼塔起司的烤炙料理。◀起司與芥末醬的炙燒雞肉。放上百里香與檸檬點綴。

可以品嚐到濃郁的堅果風味
起司鍋不可欠缺的高山起司

格呂耶爾起司

AOP 瑞士

GRUYERE

▲內部組織緊緻縮起，經過熟成的製品呈現飽和的黃色。

CHEESE DATA

原產地　瑞士西部

原食材　牛奶

尺　寸　直徑55～65cm、高度9.5～12cm、重量25～40kg

風　味　口感細緻綿密帶有堅果般的風味與淡淡的酸味

吃　法　直接品嚐、做成起司鍋

搭配飲品　果香馥郁的紅葡萄酒、辛口的白葡萄酒

格呂耶爾小鎮

靠近法國國界，莫雷松山及格呂耶爾湖等自然美景環抱的格呂耶爾小鎮，只有一條以鋪路石建造、長 200 公尺的主要道路，是規模非常小的村莊。建立於高台的古城是橫跨 11 ～ 16 世紀間，眾多貴族居住過的歷史性建築，並展示著當時代上流社會的生活，包括裝飾、繪畫及日常用具等。

這個小鎮還有一個博物館，展示著電影《異形》的角色創作者吉格爾（H. R. Giger）的作品，也是觀光的焦點。

▶恬靜的格呂耶爾小鎮。

起司鍋料理絕對不能少的格呂耶爾起司，是一款有著悠久歷史的起司。現存有在十二世紀初期當作貢品繳給修道院的記載。十七世紀才開始將其稱作格呂耶爾起司。這是為了方便與鄰近國家交易而以原產地格呂耶爾村命名。法國曾有好長一段時間習慣將全部的硬質起司皆稱為格呂耶爾起司。

▲格呂耶爾高山起司為僅在夏季於山中木屋（Chalet）中製造。必須使用柴火。

在熟成過程中會用鹽水擦拭，因此表皮就像濕潤的餅乾。內裡彈嫩，可以品嚐到奶香的層次、酸味以及些微的鹹味。熟成的製品可以鎖住鮮美，而有芳醇的香氣，因此很推薦直接單吃品嚐。歷經10～16個月熟成的製品被稱為「Gruyere Reserve」。

二〇〇一年納入AOC（現AOP）保護，夏季於高地牧草地製作的格呂耶爾高山起司（Gruyère d'alpage），規定要使用柴火製作。香氣與味道的層次濃厚，餘韻豐富。

使用起司的料理

加熱後會增加風味的格呂耶爾起司，非常適合做成起司鍋及烤箱料理。起司鍋原本是為了讓乾硬的麵包變得容易入口而構想出的家庭式料理。將切丁的格呂耶爾起司與弗萊堡維薛亨起司（Vacherin Fribourgeois）與加熱過的白葡萄酒一起放入鍋中，只要待其融化便完成。除了必備的麵包，也可以用喜歡的蔬菜沾取品嚐。

▲瑞士的家庭料理馬鈴薯煎餅（Rösti）是在煎的焦脆的馬鈴薯絲中加入格呂耶爾起司。◀起司鍋使用的起司與調味，每一個家庭與餐廳都有獨門秘方。

瑞士傳統料理「烤起司」必備
柔軟又溫暖

哈克雷特起司

AOP 瑞士

RACLRTTR DU VALAIS

▲將對半切的起司放入暖爐中加熱融化並刮下品嚐，就是 Raclette 料理的醍醐味。

CHEESE DATA

原產地	瑞士南部
原食材	牛奶
尺　寸	直徑29～32cm、 高度6～7cm、 重量4.5～5.4kg
風　　味	強烈的香氣以及順口的奶香層次
吃　　法	直接品嚐、烤起司料理
搭配飲品	辛口的白葡萄酒

瑞士的飲食文化與起司

瑞士的起司歷史可追溯到8,000年前，古羅馬時代便開始進行起司的生產。由於肥沃的平原較少，山的斜面多為牧草地，以起司為首的乳製品生產量即占了農業生產量的一半。

現在在瑞士，據說每人平均一年可吃下20公斤的起司，其數值遠高於歐洲整體的平均量。在這樣的背景下，現在依然進行著於夏季使用高地牧場的酪農業，酪農家會隨著季節一邊移動牛群一邊製作起司。

▶瑞士牧草地上的乳牛。

▲哈克雷特起司的故鄉瓦萊州。山的另一邊就是義大利。

原產於瑞士南部瓦萊地區的哈克雷特起司，在動畫《阿爾卑斯山的少女》中，小蓮（海蒂）把大塊的起司放入暖爐，將融化的起司與麵包一起將臉頰塞的鼓脹的橋段讓起司廣為人知。雖然在瑞士全國與法國部分地區皆有製造，但擁有AOP保護的只限於瓦萊州的製品。

哈克雷特起司原文來自法文中意指「刮下」的單字racler。瑞士代表性的料理「烤起司」（Raclette），是一種將分切過的哈克雷特起司的橫切面以直火加熱，再以刀子刮取融化的部分，沾水煮馬鈴薯等食用的平實料理。這種食用方法起源於以前的牧羊人習慣將對切的起司放置於柴火前炙烤。為瑞士全國與法國薩瓦地區的傳統料理，現在由於烹調設備的發達，每個家庭都能輕鬆享受烤起司的美味。

直接品嚐的話其獨特的氣味非常顯著，加熱後則會降低氣味並增加風味層次，引出哈克雷特起司的優點。

使用起司的料理

熱呼呼的馬鈴薯與哈克雷特起司的搭配性傑出。現已開發出多款適合家庭使用，附有迷你平底鍋的燒烤盤，有二段式設計的，也有使用大理石材質的種類。

在烤盤上燒烤麵包及蔬菜等食材，並用迷你平底鍋加熱融化哈克雷特起司，就能輕鬆舉辦烤起司派對。

▲哈克雷特起司與馬鈴薯搭配性佳。原產地也經常這麼吃。◀搭配炙燒夏季蔬菜、水煮蔬菜、香腸一起品嚐也很美味。

長期熟成的製品較受歡迎
有著近似烏魚子的顏色與風味的起司

米莫雷特起司

MIMOLETTE

法國

▲生長於表皮的起司螨即使食用也對身體無害，但通常會將其去除。

CHEESE DATA

原產地　法國北部

原食材　牛奶

尺　寸　直徑20cm、高度15cm、重量2～4kg

風　味　熟成製品帶有複雜的香氣與濃郁的層次，味道微苦

吃　法　直接品嚐、加入沙拉、義大利麵中

搭配飲品　酒體輕盈的紅葡萄酒、日本酒、啤酒

靠近比利時的法國北部城市

法國北部的中心都市里爾，過去以紡織與機械產業繁榮，經歷了法蘭德斯、法國、勃艮第公國的支配，而發展出獨特的文化。值得拜訪的地方為殘存中世界市景的舊市區與里爾市政廳的鐘塔。以高度 104 公尺自豪的時鐘塔，作為「比利時與法國的鐘樓群」之一而列入世界遺產。

因為國境與比利時接壤，鬆餅也是當地美食。最推薦的是創業於 1761 年的烘焙老店 pâtisserie 的鬆餅。

▶市政廳與歌劇院。

明亮橘色的米莫雷特起司原產於法國北部的城市里爾司。十七世紀的法國針對英國及荷蘭製品徵收高額關稅，因此難以再進口荷蘭製的艾登起司。在此時，取代艾登起司的就是米莫雷特起司。

米莫雷特起司是使用起司蟎的熟成製法進行製作。熟成時附著上的蟎蟲為一種名為Chiron的粉壁蝨。Chiron會吃掉黴斑，保護起司中的脂肪量，並協助調節水分。當Chiron繁殖並推進熟成後，起司表皮會出現像月球表面般凹凸的粗糙感，風味層次與美味也會跟著提升。另外，Chiron是可食用，並對身體無害的。熟成二至六個月左右的稱為Jeune，而熟成一年以上的製品則稱為Vieille。

▲如胡蘿蔔般色彩鮮艷的米莫雷特起司加入夏季蔬菜沙拉，視覺效果更驚艷。

法文中有著「半柔軟」意思的單字mi-mollet為名稱由來，但實際上柔軟的的僅限於熟成初期的製品。味道帶有層次與鮮美味的同時，舌尖觸感也很好，烏魚子般的味道，除了適合搭配葡萄酒，與日本酒及啤酒也很對味。

使用起司的料理

色彩鮮艷的米莫雷特起司大多會去除外皮，只食用橘色的部分。熟成期短的製品彈性十足，可切薄片夾入三明治，或切塊加入沙拉等。

經過充分熟成的稱為Vieille，會變得堅硬，甚至難以切下，可以磨成粉或切塊品嚐。直接將小塊起司含入口中融化，慢慢享受風味的方式也很好。

▲新鮮蔬菜與切片的米莫雷特起司做成派對小點。◀將起司磨成粉撒入義大利麵及燉飯中也很美味。

起司工匠一顆一顆手工製作
在法國最受喜愛的硬質起司

康堤起司

法國

COMTE

▲水分含量少、濃縮著鮮美味的康堤起司。置於室溫回溫後再食用，美味更上一層樓。

CHEESE DATA

原產地　法國東部

原食材　牛奶

尺　寸　直徑55～75cm、高度8～13cm、重量32～45kg

風　　味　堅果般豐富的尾韻、柔和的奶香層次

吃　　法　直接品嚐、起司鍋

搭配飲品　白葡萄酒、氣泡酒、有木桶香氣的侏羅葡萄酒

康堤起司的故鄉：侏羅山脈

法國代表性的硬質起司「康堤起司」，製作於法國東部的侏羅山脈一帶。生產認證的牛有二種：蒙貝利亞（Montbeliarde）以及數量稀少的法國西門塔爾（French Simmental）。綿延的群山，海拔為500～1,700公尺。養育著各式各樣植物、花朵綻放的環境中，以這些為食物的牛隻所生產的鮮奶，帶有花草的風味。

這個風味也對起司有所影響，能做出強烈的發酵與精彩的香氣。與同鄉的木桶香侏羅葡萄酒，特別是獨特風味為特徵的辛口葡萄酒「黃酒」（Vin Jaune）的搭配性很棒。

▶法國的侏羅山脈。

法國國民起司，康堤起司由橫跨法國東部與瑞士國界處的侏羅山脈一帶所製作。需求量逐年增加中，生產量在法國產的AOP起司中最高，一年約產六萬噸。全世界都能品嚐得到的高人氣起司。

為準備豪雪地的長期寒冬，做為長期保存用所製作的起司，製作一個起司約需要五百公升的牛奶，因此各酪農家會將榨取的牛奶帶到製造廠製作，再交給專業的熟成業者，進行為期數個月至一年半的熟成。出貨時會進行嚴格的檢查，合格的話就會捲上康堤起司協會的膠帶，並能稱之為「Comte Extra」。

彈嫩且吸睛的黃色內裡，特徵是堅果般的香氣與柔軟的口感，可以品嚐不同製造廠所製作出的風味差異，也是康堤起司特有的樂趣。因為特殊味道較淡，方便使用於料理中，也十分適合做成起司鍋及焗烤。

▲熟成中的康堤起司，須花費時間慢慢引出鮮美味。

使用起司的料理

這是一款加熱後就會徹底融化的起司，因此適合做成焗烤、洋蔥湯等經高溫調理的烤箱料理。做成起司鍋也很美味。

帶有奶香的層次與堅果般的風味，切成小塊直接吃，慢慢品嚐起司的尾韻也很棒。也被使用於法國代表性的咖啡廳料理火腿起司三明治（croque-monsieur）。

▲在焗烤洋蔥湯奢侈的大量使用康堤起司。

◀經過18個月以上熟成的康堤起司，可搭配葡萄酒品嚐。

沒有羊奶的腥味，尾韻甘甜
奶香味糖果般的起司

法國

歐索依拉提起司

OSSAU IRATY

▲可以在表面看到生產者標章的歐索依拉提起司。

CHEESE DATA

原產地　法國中部

原食材　羊奶

尺　寸　直徑22.5～27cm、高度8～14cm、重量3.8～6kg

風　　味　樸實、讓人聯想到蜂蜜的風味、奶香的甘甜

吃　　法　直接品嚐、搭配果醬

搭配飲品　白葡萄酒

孕育獨立的文化：巴斯克地區

歐索依拉提起司誕生自法國與西班牙交界處，有著庇里牛斯山的巴斯克地區。 此地發展出的文化與習慣仍保留至今。居民以身為巴斯克民族自豪的生活著。

法國側巴斯克的中心都市巴約訥，為古羅馬時代作為交通要道的重要地，中世紀以貿易港而繁榮的城市。建築多以巴斯克的代表顏色的紅、綠為基本色調，光是逛逛街道也非常有趣。以近郊的埃斯佩萊特產的辣椒調味的巴約訥火腿「拜雍火腿」（Jambon de Bayonne）非常有名。

▶巴約訥的市景。

在法國與西班牙的國界附近，原產於巴斯克地區與貝亞恩地區，兼具傳統與品質的起司。其歷史並不明確，相傳為希臘神話中阿波羅神的兒子阿里斯泰俄斯所製作。

起司的名字取自貝亞恩地區的「歐索谷」以及巴斯克地區的「依拉提森林」。原本甚至沒有名字，在當地只以「羊的起司」以及「高山起司」稱呼。到了一九八〇年獲得AOC認證後才有了現在的名字。

表皮的顏色為米色、帶紅的黃色、灰色等各式各樣，側面則是些微膨脹。不帶有特殊氣味的味道，在口中擴散的甜味以及芳醇的香氣，這是因為橫跨春季到秋季，放牧於庇里牛斯山腳西側的羊隻，吃的是香氣濃郁的牧草。歐索依拉提起司專用的指定羊有三個種類，在這當中品質最高的是有著全黑的臉以及漂亮的羊角為特徵的馬內克黑面羊（manech tete noire）。

搭配黑莓或黑醋栗的果醬、蜂蜜就非常美味。

▲夏天的美麗庇里牛斯山脈的山腳下放牧著羊隻。

使用起司的料理

這款起司的尾韻甘甜，適合與果醬及蜂蜜一起食用。除了果醬以外，與油封的肉類料理的搭配性也很好。

當然可以直接單吃當作零嘴品嚐，切成薄片再加上生火腿等，就是一道華麗的開胃前菜。

▲在水煮蛋中塞入調味過的菇類、歐索依拉提起司與蔥，一道簡單又時髦的輕食便完成了。

◀歐索依拉提起司與果醬的組合已經成為了招牌。

味道溫和可以品嚐到溫和奶香的甜味與層次
風味豐富的起司

義大利

佩科里諾・托斯卡諾起司

PECORINO TOSCANO

▲新鮮度為最為重要的瑞可塔起司，盡早食用為鐵則。

CHEESE DATA

原產地　義大利中部

原食材　羊奶

尺　寸　直徑15～22cm、
高度7～11cm、
重量750g～3.5kg

風　　味　濃厚的層次與淡淡的甜味

吃　　法　直接品嚐、搭配果醬及蜂蜜與麵包一起

搭配飲品　紅葡萄酒、白葡萄酒

試著搭配當地的葡萄酒

佩科里諾・托斯卡諾起司的原產地是知名葡萄酒產地的托斯卡諾區。

溫暖的氣候與適合栽種葡萄的遼闊土地，可以說是生產義大利最高品質葡萄酒的地區。

熟成初期的 Fresco 適合搭配托斯卡諾的辛口白葡萄酒。熟成較長的 Stagionato 推薦搭配香緹酒（Chianti）及羅素蒙塔奇諾紅葡萄酒（Rosso di Montalcino）等果香馥郁的紅葡萄酒。已熟成的 OroAntico 與甜點酒、餐後酒很對味。

▶熟成的佩科里諾・托斯卡諾起司與葡萄酒很對味。

□FRESH CHEESE □PASTA FILATA □WHITE CHEESE □WASH CHEESE □CHÈVRE CHEESE □BLUE CHEESE ✓SEMI HARD & HARD CHEESE

佩科里諾．托斯卡諾起司的名字取自義大利語中羊的單字「Pecora」。從義大利的中部到南部皆為牧羊興盛的地區。義大利有生產名為Pecorino的起司，指的是用羊奶製做的起司，在Pecorino的後面大多會加上地名。也就是說，佩科里諾．托斯卡諾指的就是在托斯卡諾地區所生產的羊奶製的起司。

佩科里諾．托斯卡諾起司的名字會依熟成時間的長短而不同，熟成時間愈久，味道層次會提升，因此每塊起司的味道都不一樣。熟成一個月的Fresco，柔軟有彈性，羊奶氣味也很溫和，風味單純。Stagionato經過四個月熟成，羊奶的鮮美味增加，可以感受到菇類般的香氣，味道帶有濃厚的層次。熟成六個月的OroAntico則是為了保護起司而在外皮塗上橄欖油。因為經過長時間的熟成，羊奶的層次與風味都提升了一個層次。

直接單吃便能品嚐到圓潤的溫和甜味與層次，令人眷戀，是與日本的飲食文化非常契合的一款起司。

▲托斯卡諾的美麗風景。

使用起司的料理

羊奶起司與牛奶及山羊奶製的起司相比，乳脂肪含量較高。切薄片放入口中，於舌尖上體驗慢慢融化的口感也是一種享受。添加果醬或蜂蜜的話更能夠彰顯起司的風味，加進料理中也能品嚐到濃郁的味道。

生吃的方式在日本非常不流行，因此像是義大利那樣搭配蠶豆享用時，會先加熱或是烤過後再沾橄欖油食用。

▲綠橄欖切片與削絲的佩科里諾．托斯卡諾起司做成的順口開胃小點。◀根莖與半熟蛋的蔬菜湯Acquacotta，可以品嚐到家庭的溫暖。加入磨成粉的起司，可進階享受奶香的風味。

清爽的香氣、濃郁的奶香層次
法國自豪的高山起司之一

法國

蒲福起司

BEAUFORT

▲往內凹的側面為蒲福起司的特徵，根據不同的榨乳量可以調整大小。

CHEESE DATA

原產地　法國東部

原食材　牛奶

尺　寸　直徑35～75cm、
高度11～16cm、
重量20～70kg

風　味　口感綿密、芳香樸實的風味

吃　法　直接品嚐、起司鍋、焗烤、
起司塔

搭配飲品　辛口的白葡萄酒、層次豐富
的紅葡萄酒

高山起司

蒲福起司與阿邦當斯起司及康堤起司，為法國「山上的三大起司」。蒲福起司的名字取自法國的薩瓦省的山谷。而山的另一側即是義大利的國境附近。法國阿爾卑斯山幾乎皆屬於法國的國土，但阿爾卑斯的最高山，西歐最高峰的白朗峰等為鄰近國家共同持有。

阿爾卑斯的山群為連接的山岳地帶，被大雪封鎖的寒冬時，從以前便將大型的硬質起司當作保存食品。

▶阿爾卑斯山脈。

被美食家布里亞－薩瓦蘭讚為「格呂耶爾的王子」（The Prince of Gruyères），為一款經過加熱壓縮製作的起司。據說側面的凹陷是在十八世紀時，為了要用馬匹運送而構思出的方法。

阿爾卑斯的薩瓦地區為白朗峰等，高海拔的山巒連接不斷的山岳地帶，特別在夏季時便是滿山綻放著花草的遼闊牧草地。以食用這些花草飼育的牛的鮮乳香氣豐富，以這個牛奶製作的蒲福起司也同樣散發著豐富的香氣。熟成時間至少五個月，因此其味道也非常濃郁並帶有甜味。

▲夏季的放牧地為塔朗泰斯牛與阿邦當斯牛群的樂園。

在夏天製作的蒲福起司，待到了隔年的秋冬，經由熟成提升了濃郁，迎來最佳的品嚐時機，稱為été。表皮呈現黃褐色且堅硬，內有稱為lainures的水平細微龜裂痕。另外，在été之中，於海拔一千五百公尺以上的小屋製作的製品，會在名字中再加上「alpage」字樣，代表最高級的製品。像是蜂蜜般的甜味與豐富的芳香，富有層次的風味中又兼具優雅的味道。

使用起司的料理

甘甜的牛奶香氣與綿密口感的蒲福起司，可以彰顯各式各樣食材的風味。

可以簡單的夾入麵包品嚐，或是做成起司鍋。只要將切塊的蒲福起司加入具大蒜香氣的鍋中，再加入葡萄酒即可。這時候再搭配熟成起司的話，香氣會變得更加豐富。

▲夾入葡萄乾麵包中的簡單吃法。◀薩瓦式起司鍋的標準食譜中，絕對少不了蒲福起司。

格拉娜・帕達諾起司

義大利

GRANA PADANO

▲大小與帕瑪森起司相同，以刻印作為判別區分。

與帕瑪森起司幾乎一模一樣的格拉娜・帕達諾起司。由於此兩款起司一直有爭議，因此催生出了清楚定義名稱與產地的DOP。

格拉娜・帕達諾起司以意指顆粒的單字「Grana」以及波河流域的「帕達諾平原」（Padano）為名。價格比帕瑪森起司便宜，因為用途廣泛，也被稱作是「廚房的老公」（husband of kitchen），在DOP之中的產量壓倒性的第一。只能依照外皮的刻印標誌與帕瑪森起司做區分。

樸實的鮮美味與濕潤綿密的口感，切片直接享用為最棒的品嚐方式。

▲帕達諾平原為大型酪農地帶。

CHEESE DATA

原產地	義大利北部
原食材	牛奶
尺　寸	直徑35～45cm、重量24～40kg
風　味	風味柔和、恰到好處的滋味與鮮美味
吃　法	直接品嚐、製作義大利麵、披薩、焗烤、燉飯
搭配飲品	辛口的白葡萄酒、層次豐富的紅葡萄酒

AOP　瑞士

阿彭策爾起司

APPENZELLER

以加入蘋果酒的鹽水多次摩擦
奇特的硬質起司

▲熟成 6 個月以上的黑標籤類型，味道濃郁。

▼阿彭策爾市。

在瑞士的起司中，其歷史特別古老。熟成過程中會以加入辛香料、白葡萄酒，以及蘋果酒的液體，進行多次擦拭為傳統製法。帶有硬質起司少見的強烈香氣，辛辣的風味與甜味以及濃郁的味道為其特徵。

表面的貼紙會根據熟成時間分成銀色、金色與黑色。貼紙中央描繪著阿彭策爾地區的州徽「行走的熊」以及起司。熟成時間越長，味道的層次會更明顯，辛香味也會彰顯出來，因而難以辨認熟成的狀態。即使以熟成度區分，味道也經常完全不同，最好的方式就是依照貼紙的顏色做選擇。

CHEESE DATA

原產地　瑞士東北部

原食材　牛奶

尺　寸　直徑30～33cm、高度7～9cm、重量6.2～8kg

風　　味　富有層次的辛辣風味

吃　　法　直接品嚐、搭配番茄醬

搭配飲品　酒體飽滿的紅葡萄酒、白葡萄酒、日本酒、啤酒

馬翁起司

西班牙

MAHON

▲以正方形的布包裹著進行熟成，因此形成四角圓渾的正方體。

西班牙大多以羊奶或山羊奶製作起司，但梅諾卡島在十三世紀起便以牛進行酪農活動。起司名字「Mahón」則來自這個島的港口名稱。

此地的牛吃著被大海圍繞的牧草，其牛奶比其他牛奶的鹹味更重。以這樣的牛奶製成的馬翁起司，質地濕潤綿密，帶有適度的酸味與明顯的鹹味，隨著咀嚼其濃厚的味道會更明顯。外皮的橘色是在添加鹽後，為了防止產生裂痕而塗抹上橄欖油及紅辣椒，再緩慢地進行熟成後自然染上的顏色。

經熟成的起司可直接薄切食用，並與日本酒或燒酎一同享受。

▲鹹豬肉軟腸 sobrasada 與馬翁起司搭配的下酒菜 pinchos。

CHEESE DATA

原產地	西班牙／梅諾卡島
原食材	牛奶
尺寸	高度5～9cm、重量1～4kg
風味	味道濃郁、適度的酸味與海風氣息的鹹香
吃法	直接品嚐、義大利麵、燉飯
搭配飲品	辛口的白葡萄酒、雪莉酒、日本酒、燒酎

史普林起司

AOP 瑞士

SBRINZ

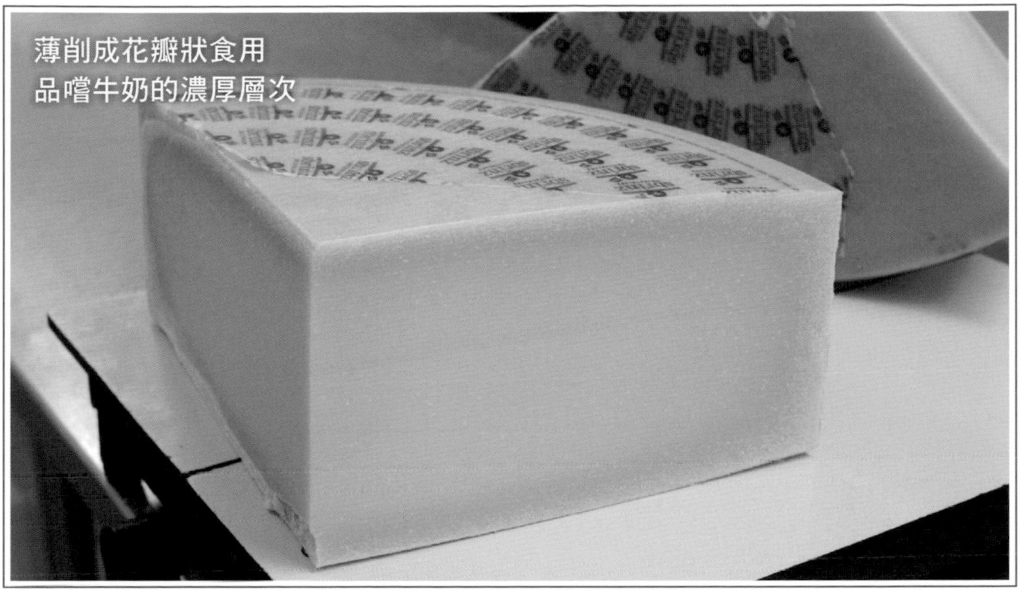

▲史普林起司又被稱為瑞士版帕瑪森起司。

▼當作零嘴食用的史普林起司。

瑞士與法國並列為起司大國。在瑞士中以悠久歷史與硬度自豪的就是史普林起司。

因為經由長期熟成，堅硬中濃縮著濃厚層次與鮮美味。熟成時間為十八個月至三年。經過長時間熟成後水分盡失，變得難以用刀子切開，甚至需要專用的器具。切成薄片較能充分品嚐其濃郁的鮮美味。可以直接加入義大利麵或沙拉，或是搭配胡椒當作下酒菜，即使是不敢吃起司的人都能享受其美味。

史普林起司為第四個獲得原產地法定保護認證AOC（AOP）的起司。

CHEESE DATA

原產地　瑞士中部

原食材　牛奶

尺　寸　直徑45～65cm、高度12～15cm、重量25～45kg

風　味　帶有濃郁鮮美味的柔和風味

吃　法　直接品嚐、沙拉、義大利麵、開胃小菜

搭配飲品　紅葡萄酒、日本酒

國家圖書館出版品預行編目資料

讓料理更美味的起司事典 / 本間るみ子監修；劉冠儀譯. -- 初版. --
臺中市：晨星，2019.09
　　面；　公分. --（健康飲食；132）
　　ISBN 978-986-443-873-0（平裝）
　　譯自：知っておいしいチーズ事典
　　1. 乳品加工　2. 乳酪
　　439.613　　　　　　　　　　　　　　　　　108006119

健康飲食
132

知道更好吃的起司事典

監修	本間るみ子
譯者	劉冠儀
設計	梶間伴果／乙原優子
照片	Shutterstock ／株式会社フェルミエ
協力編輯	株式会社エディング
主編	莊雅琦
執行編輯	劉容瑄、林廷蓁
封面設計	Ivy_design
內頁美術	張蘊方
創辦人	陳銘民
發行所	晨星出版有限公司
	台中市西屯區工業 30 路 1 號 1 樓
	TEL：04-23595820　FAX：04-23550581
	行政院新聞局局版台業字第 2500 號
法律顧問	陳思成律師
初版	西元 2019 年 09 月 30 日
總經銷	知己圖書股份有限公司
	106 台北市大安區辛亥路一段 30 號 9 樓
	TEL：02-23672044 ／ 23672047　FAX：02-23635741
	407 台中市西屯區工業 30 路 1 號 1 樓
	TEL：04-23595819　FAX：04-23595493
	E-mail：service@morningstar.com.tw
	網路書店 http://www.morningstar.com.tw
讀者專線	04-23595819 # 230
郵政劃撥	15060393（知己圖書股份有限公司）
印刷	上好印刷股份有限公司

定價 380 元
ISBN 978-986-443-873-0

SHITTEOISHII CHEESE JITEN
Supervised by Rumiko Honma
Copyright © Jitsugyo no Nihon Sha, Ltd., 2017
All rights reserved.
Original Japanese edition published by Jitsugyo no Nihon Sha, Ltd.
Traditional Chinese translation copyright © 2019 by Morning Star Publishing Co, Ltd.
This Traditional Chinese edition published by arrangement with Jitsugyo no Nihon Sha,
Ltd., Tokyo, through HonnoKizuna, Inc., Tokyo, and Future View Technology Ltd.
Morning Star Publishing Inc.
All rights reserved.

可至線上填回函！